油菜产业精品教材

油菜 绿色优质高产栽培 与加工技术

袁俊生　梅利伟　马海斌　彭新红　张　蕊　杨泽宇　主编

U0272057

中国农业科学技术出版社

图书在版编目(CIP)数据

油菜绿色优质高产栽培与加工技术／袁俊生等主编．--北京：中国农业科学技术出版社，2024.5
ISBN 978-7-5116-6833-2

Ⅰ.①油… Ⅱ.①袁… Ⅲ.①油菜-蔬菜园艺-无污染技术 Ⅳ.①S634.3

中国国家版本馆 CIP 数据核字(2024)第 102751 号

责任编辑	白姗姗
责任校对	李向荣
责任印制	姜义伟　王思文

出 版 者	中国农业科学技术出版社
	北京市中关村南大街 12 号　邮编：100081
电　　话	(010) 82106638 (编辑室)　(010) 82106624 (发行部)
	(010) 82109709 (读者服务部)
网　　址	https://castp.caas.cn
经 销 者	各地新华书店
印 刷 者	鸿博睿特(天津)印刷科技有限公司
开　　本	140 mm×203 mm　1/32
印　　张	5
字　　数	125 千字
版　　次	2024 年 5 月第 1 版　2024 年 5 月第 1 次印刷
定　　价	39.80 元

前　言

　　油菜是中国第一大油料作物，菜籽油在我国食用油供给市场中占有举足轻重的地位，也是目前较为健康和营养的食用油，由于我国是菜籽油最大的生产国和消费国，菜籽油也被誉为我国的"国油"。因此，提升我国油菜产业竞争力，实现我国油菜产业健康发展显得尤为重要。

　　本书共7章，包括油菜播种与育苗技术，油菜营养特性与施肥，油菜田间管理，油菜绿色优质高产栽培技术，油菜防灾减灾技术，油菜主要病虫草害绿色防控技术，油菜机收减损、贮藏与加工等内容。

　　本书内容丰富全面、结合生产实际，针对性强、可操作性高，具有较强的实用性和生产指导作用，可供各级农业技术推广部门在指导油菜生产时阅读和参考。

编　者

2024 年 4 月

目　　录

第一章　油菜播种与育苗技术

第一节　良种选择

一、优良种子的要求

目前生产上推广的优良种子必须达到以下标准。

（一）种性

选择产量高、品质优、熟期适中、抗性好的品种。

（二）质量

种子纯度 ≥90%，净度 ≥97%，发芽率（成苗率）≥80%，水分含量 ≤9%，芥酸含量 ≤2%，硫苷含量 ≤30μmol/g。

二、选择优良油菜品种的原则

（一）选择近几年通过审定的品种

选择近几年通过审定，可在本地合法推广的品种，不要使用未经审定的油菜品种。

（二）根据播种耕作方式不同，选择相适应的品种

如机播机收耕作方式宜选择耐迟播、耐密植、抗倒抗病、抗裂角、抗除草剂的油菜品种，秋季栽培宜选用冬性、半冬性、中晚熟性油菜品种，稻田套直播宜选用耐迟播、耐阴、发芽快、株型紧凑、耐密植、抗病、抗倒、抗除草剂的油菜品种。

（三）根据抗逆性选择品种

如盐碱地宜选用耐盐碱油菜品种，重病区宜选用相应抗（耐）病油菜品种，北方寒冷冬油菜区宜选用抗寒油菜品种，干旱缺水地区宜选用耐旱油菜品种。

（四）选用优质油菜品种

订单农业和保优栽培还必须保证所选优质良种种子品质合格。

第二节　土壤与整地

油菜对土质要求不严，质地较差的土壤，通过深耕、增施肥料等良好的耕作栽培技术也能获得高产，但一般以弱酸性或中性土壤最为有利。油菜也耐盐碱，在含盐量为 0.20% ~ 0.26% 的土壤上能正常生长。油菜整地要求深耕细整。主要有以下 3 个环节。

一、深耕

深耕的时间越早越好，即在前作收获之后立即抢时耕翻，增加蓄墒效果。耕深一般应达 20cm 以上。耕前施入腐熟有机肥，并按比例施入部分氮、磷、钾肥。

二、耙糖

耕后应立即耙糖碎土，填补孔隙，使土壤上虚下实，土碎地平，以利保墒播种。

三、作畦

多雨区主要是开沟作畦，围沟、腰沟、畦沟配套，做到沟渠相通，雨停田干，明水能排，潜水能滤，以利播前排水和后期排水防渍。畦宽和沟深依土质而定。对于黏重土壤，土壤孔隙小，渗透性弱，以浅沟窄畦为好。一般畦宽 1.65~2m，沟深 33cm，疏松土壤宜采用宽畦浅沟，畦宽 3.33~4m，沟深 20~23cm。

第三节 播 种

一、种子处理技术

常言道"好种出好苗"，种子质量的好坏与幼苗的健壮与否密切相关。一般来说，饱满均匀、生命力强的种子，长出的幼苗也健壮整齐；不好的种子，播种后不但出苗不齐，而且幼苗的质量较差。因此，播种前对种子进行一定的处理，提高种子质量非常重要。

（一）晒种

播种前将种子放在太阳下摊晒 2~3d，可以促使种子后熟，提高种子的生活力；也可以降低种子的含水量，增强播种后的吸水能力，增加发芽势和发芽率。同时，紫外线还可以杀死种子表面的细菌，进而减轻苗床病害。但必须注意，不能把种子直接放在水泥地上晒，以免温度过高烧伤种子。

（二）风选和筛选

利用风选种子，可除去泥灰、杂物、残留草屑和不饱满种子，提高种子的净度和质量；应用筛选种子，可除去生活力差的细粒，提高种子的整齐度。

（三）盐水或泥水选种

用 10% 的食盐水或比重为 1.05~1.08 的泥水进行选种。

（四）药剂拌种

播种前，用杀菌剂浸种可以有效杀灭种子表面所带病菌，有利于培育壮健幼苗。

二、不同栽培条件下适宜播种时间的确定

油菜播种时间弹性较大，但适宜播种时间范围较窄。

在长江流域中上游地区，"秋发栽培"（单株越冬绿叶12~13片）宜于9月上旬播种；"冬发栽培"（单株越冬绿叶10~11片）宜于9月中旬播种；"冬壮栽培"（单株越冬绿叶8~9片）宜于9月中旬后期播种。直播时间可按上述育苗播种时间推迟7~10d。

三、合理选择播种方式

（一）直播

直播油菜的特点是：①根系发达。直播油菜主根粗长，根系入土深，植株根颈粗度、根系数目和根系总长度都显著好于移栽油菜，这有利于油菜植株吸收土壤深层的水分和养料，因而抗旱、耐瘠、抗倒伏能力强，能较好地避免因土壤冻结造成翻根倒苗现象。②抗逆能力强。在干旱、瘦瘠或低温地区，特别是在土壤黏重的田块，直播油菜较移栽油菜更具优越性。其根系与土壤接触良好，成活率高，生长发育良好。此外，直播油菜的播种期较晚，在一定程度上错过了油菜病毒病与菌核病的主要感染期，又由于其根颈离土面较高，受病菌侵染的概率降低，能减轻病害。③直播油菜省工省时。省去了移栽环节，且用工分散，便于其他作业和农事安排。

（二）育苗移栽

油菜育苗移栽可以适时早播，有利于培育壮苗。壮苗是油菜高产的基础，壮苗积累的干物质多，移栽后新根发生早，成活快，生长势强，根多叶茂，光合作用旺盛，吸收肥水能力强，抗逆性强；油菜移栽时去掉弱苗、杂株，并能做到均匀移

栽，保证密度，有利于获得高产；移栽油菜能较好地解决季节与茬口矛盾，特别是油、稻、稻三熟制和油棉两熟制地区，避免前作收获迟，造成晚播、弱苗、生长量不足而引起减产。因此育苗移栽是我国油菜产区油菜高产稳产的一项关键措施。

（三）板茬播种或移栽

油菜板茬播种或移栽，又称油菜免耕栽培、板茬栽培，指在前作收获后，移栽季节已到，为了不误农时，不经过整地直接栽种油菜。板茬栽培的优点如下。

1. 土壤水、肥、气、热等条件较为协调

免耕的特点之一是没有破坏耕作层结构，透水透气良好，避免过湿耕作造成僵土板结；免耕未切断土壤毛细管，耕作层墒情较好；免耕田地表水易随地表径流排出，避免在犁底层产生渍水层；表土前作残存肥料较多，肥力较高。因此，免耕对水田油菜苗期生长有利。

2. 有利于适时早栽

油菜栽期已到，前作尚未收获，或尚未收净，或常因秋雨连绵，整地困难，或整地迟而耕作粗放，免耕一般比整地移栽油菜提早 10~15d。

3. 能保证移栽质量

免耕田较平整，免耕穴栽的破土口径小（6~7cm），密度容易保证，提高移栽质量。移栽时使用肥土压根，肥料集中，一个穴相当于一个营养钵，栽后返青快，有利于发根长叶，实现秋发增产。

4. 有利于壮苗秋、冬发，增加产量

免耕栽培与耕翻栽培比较，免耕栽培的油菜越冬期的单株绿叶数多，盘径增大，单株鲜重增加，叶面积指数提高，有利于提高单株一次有效分枝数、角果数和产量。

5. 有利于抗灾夺丰收

在秋雨多或秋旱年份，免耕移栽是抗灾夺丰收的有效措施。此外，免耕移栽具有省工、省耕翻整地成本、保持水土、保护环境等优点。

第四节　育　苗

一、壮苗的特点

壮苗是相对的，由于耕作制度、自然条件、品种类型、移栽时期和生产水平的不同，对壮苗的要求也不一样。但一般来说，油菜壮苗具有一定的形态特征、生理特性和解剖结构特点。壮苗的外部形态特征是：①根颈粗短，株型矮健紧凑，无高脚苗、弯脚苗；②绿叶数多，叶密集着生，叶片大而厚，叶色正常，叶柄粗短；③根系发达，主根粗壮，支根、细根多，幼嫩新根多；④无病虫为害，无畸形苗；⑤具有本品种固有的特征。

具体来说，甘蓝型油菜在移栽时（10月中下旬），要求达到"三个六"或"三个七"，即绿叶6~7片，苗高6~7寸[*]（20~23cm），根颈粗6~7mm。如果移栽时期较晚（11月上旬）则要求达到"三个八"。如果茬口允许，正常时实行中苗（5~6叶）早栽效果也较理想。

---

[*] 1寸≈3.3cm。

二、苗床育苗技术

(一)选好、留足苗床

苗床地要选择土地平整、土质肥沃、疏松、背风向阳、靠近水源、排灌方便的地块,种过十字花科作物的田土及排灌条件差的边角地、荒坡地、斜坡地,病虫害严重的园地,靠近村庄、树林的地块都不宜作苗床,以免畜禽、病虫为害。

留足苗床是培育壮苗的一个重要条件,苗床面积小,播种量过大,就会苗挤苗,形成高脚苗、长柄苗或弱苗,导致幼苗生长发育不好,甚至苗床内出现现蕾抽薹现象。

应根据大田种植面积和栽种密度确定合理的苗床面积,一般苗床与大田的比例为1∶(6~7),即1亩*苗床的油菜苗移栽4 000~4 669m²大田。

(二)苗床制作

苗床整地要求"平""细""实"。

"平"指厢面平整,下雨后或浇水时不产生局部积水;"细"要求表土层细碎,上无大块,下无暗垡,种子能均匀落在土壤细粒之间,深浅一致,使根系发育良好,取苗时少断根,多带土,易成活;"实"要求在细碎的基础上适当紧实。

在前作收获后,根据土壤墒情及质地及时翻耕晒垡,苗床地不宜深耕,一般以13~16cm为好,以免主根下扎过深,不便取苗或伤根。待翻耕后的土地干湿适宜时及时细耙,然后根据地势、土质、灌排条件开沟作畦。一般畦宽1.3~1.6m,沟宽0.25~0.3m,沟深0.3m以上。

在精细整地基础上,苗床要施足底肥,以速效肥为主,

---

* 1亩≈667m²。

氮、磷、钾、硼相结合，一般每亩地苗床施优质腐熟厩肥150~200kg，磷肥2.5~3kg。先将厩肥施于苗床，与土壤充分混合，然后将磷肥均匀地施于苗床表面，与表土层混合，再用人畜粪尿兑水施下，使苗床充分湿润。底肥中增施磷肥，能促进根系发育，增强幼苗的抵抗力。

实践证明，苗床增施过磷酸钙，对油菜苗的叶面积、地上部、地下部干物重的增长都有促进作用。

(三) 确定适宜播种期

确定适宜播种期应根据以下几个条件综合考虑。

1. 栽培制度

根据栽培制度和作物轮作换茬考虑适宜播种期，是平衡周年生产、保证粮油高产的重要因素。稻田栽种油菜主要是根据水稻的收获及整地来确定移栽期，然后根据移栽期确定播种期。栽培面积较大的，为缓和季节、劳力矛盾，还可以分批分期育苗。

2. 品种特性

确定播种期要根据品种特性。甘蓝型杂交油菜一般冬性较强，适当早播有利于发挥品种优势，使其生长旺盛，枝叶繁茂，冬前不早花。

3. 气候条件

油菜发芽适温为16~22℃，幼苗出叶需10~15℃才能顺利进行，油菜年前生长是从较高温度逐渐转向低温，油菜移栽后还需经过一段生长停滞阶段后才进入冬前的生长发育。油菜移栽后至少有40~50d的有效生长期才进入越冬阶段，并要求有8~9片的正常绿叶，保证安全越冬及翌年春发。用播种期来调节油菜的生育过程，使其与气温同步，是油菜高产的有效措施之一。

（四）种子处理及播种

1. 种子处理

播种前将当年收获的种子翻晒 1~2d，以提高种子的生活力，再经过筛选、风选，除去部分夹杂物和秕粒，然后播种。盐水选种可以淘汰菌核及提高种子质量，其方法用 8%~10% 盐水（比重 1.05~1.08），把种子放在盐水中及时搅拌 5min，不断除去漂浮水面的菌核和秕粒，然后捞起种子立即用清水冲洗数次，以免盐分影响发芽力，最后将选出的种子摊开晾干，准备播种。

2. 用种量

根据杂交种子大小确定播种量，一般每亩苗床只需留苗 11 万~12 万株，油菜种子千粒重以 3.8g，出苗率按 75% 计，每亩苗床用 500~600g 种子。

3. 播种技术

播种前必须使苗床土壤充分湿润，一般可用清粪水浇泼，保证出苗迅速。播种要求落籽均匀，为保证均匀，按苗床面积，定量称好种子，与细土或草木灰等拌匀，再均匀播种。播后是否覆盖应根据苗床土壤和气候情况而定。气候干燥，可以用细土拌和草灰覆盖或用稻草覆盖。

（五）苗床管理

1. 间苗定苗

要早间苗，稀定苗，否则会造成高脚苗、弯脚苗，间苗要早要匀，以利于培育壮苗。第一次可在油菜长出第一片真叶时进行间苗，疏去过密的油菜苗，使油菜苗不挤苗，叶不搭叶，苗距 3~4cm，均匀分布于苗床。第二次在油菜苗长出 2~3 片真叶时进行匀苗定苗，苗距 7cm 左右，每平方米留苗 150~180

株，即每亩苗床留苗 1 万~1.2 万株。间苗要做到去弱苗，留壮苗；去小苗，留大苗；去杂苗，留纯苗；去密苗，留匀苗；去病苗，留健苗。在间苗的同时，拔除杂草，保证每株幼苗生长健壮。

2. 肥水管理

苗床追肥掌握"早""勤""少"的原则，前期以促为主，中期促控结合，后期注意控制。3 叶期油菜开叶发棵，需要吸收较多的养分，3 叶期前追肥要适当促进，以速效氮肥为主，勤施少施，促根长叶。3 叶期后要适当控制，不使发棵太旺，造成拥挤，并提高植株体糖分含量，逐渐积累养分，使根颈部分发达。每次追肥可结合间苗进行，既能及时补充养分，又有稳根镇土作用。根据幼苗生长情况每次每亩用清粪水 1 500~2 000kg，尿素 2~3kg 追肥，5 叶期后一般不追肥或少追肥。但在移栽拔苗前 1 个星期再追一次送嫁肥，每亩苗床用尿素 3~4kg 兑清粪水进行，目的在于促使多发新根，移栽后易于成活，并保持土壤湿润，便于取苗。

三、直播育苗

要充分发挥直播油菜的优势，获得直播油菜的高产，应注意抓好如下技术措施。

（一）适期播种，增大密度

播种时期一般比育苗移栽的播种时间晚 7~10d。种植密度比育苗移栽田密度多 30%左右。

（二）精细整地、施足底肥

油菜种子小，如果落入土垡空隙则不易发芽，即使能够发芽也会因为根颈伸长过多而消耗大量养分，导致幼苗弱小，生长很差。所以要精细整地，要按高标准整地，同时要施足以有机肥为主的底肥。

（三） 根据实际情况正确选用播种方法

目前的播种方法有 3 种。

1. 撒播

用种量大，出苗多，苗不匀，间苗、定苗工作量大，管理不方便，因而很少采用。

2. 点播

在水稻田土质黏重、整地困难、开沟条播不方便的地方较为适用。将种子与人畜粪、过磷酸钙、硼砂等肥料和适量的细土或细沙充分拌和、分厢定量点播，播后用细土粪盖籽。

3. 条播

播种时每厢应按规定行距拉线开沟播种，沟深 3～5cm。条播要求落籽稀而匀，最好用干细土拌种，顺沟播下。

（四） 及时间苗、定苗、补苗

直播油菜常因播种不匀造成幼苗密度过大，出现苗挤苗，或出现断垄缺苗现象。所以要及时间苗、定苗、补苗。一般第一次间苗在第一片真叶期，第二次间苗在 2～3 叶期，4～5 叶期开始定苗，同时补苗。

（五） 加强肥水管理

油菜播种育苗期间常遇秋旱，所以要立足灌水育苗。同时对于干旱年份、瘠薄田块还应及时补充养分。

（六） 防治病虫

油菜苗期主要是虫害较重，如蚜虫、菜青虫等，要适时控制害虫为害，培育健壮幼苗。

第五节 合理密植

一、合理密植的原则与密度范围

合理密植是提高单位面积产量的有效措施。所谓合理密植就是合理安排单位土地面积上的植株数及其配制方式（种植规格），使个体与群体协调生长，建立合理的动态群体结构，充分利用光能和地力，积累更多的有机物质，从而在单位面积上获得高产。

（一）影响油菜种植密度的因素

影响油菜种植密度的因素很多，主要有以下几个方面。

1. 土壤肥力和施肥水平

土壤肥沃疏松、土层深厚，或者施肥水平较高，植株长势旺盛，枝叶繁茂，种植密度宜小一些；相反，土壤瘠薄、质地黏重，或施肥水平较低的情况下，植株生长受到一定限制，种植密度宜大一些，做到以密补瘠。

2. 播种期

早播早栽的油菜，苗期气温较高，生长快，植株较大，因此种植密度宜小一些；相反，迟播迟栽的油菜密度宜适当大一些，做到以密补迟。

3. 品种特性

不同品种生育期长短不同，株型大小各异，种植密度也有区别。植株高大，分枝多、分枝部位低，叶片大，株型松散的品种，种植密度宜小一些；相反，植株矮小，分枝少、分枝部位高，叶片小，株型紧凑的品种，种植密度宜大一些。

4. 气候条件

冬季较温暖的地区，油菜生长旺盛，植株较大，种植密度宜小一些；冬季较寒冷、干旱较重的地区，油菜生长缓慢，植株较小，种植密度可适当大一些。

（二）适宜种植密度的范围

油菜合理密植的适宜范围不是一成不变的，而是根据时间、空间的不同，自然、社会的条件不同而发生变化。

二、株行配置

密度确定之后，还要考虑行、株距的合理搭配。行、株距合理搭配的原则是：既能扩大叶面积，充分利用光能和地力，又能减少荫蔽，改善通风透光条件，并便于田间操作管理，达到个体和群体协调发展，获得高产的目的。

目前主要有以下几种种植方式。

（一）正方形种植

行距和株距相等，或株距稍小于行距。一般在密度较低的情况下采用，植株受光均匀，分枝部位低，各个方向的分枝大小较一致，单株的分枝数和角果数较多。

（二）宽行密株

行距较宽，株距缩小。在密度较大的情况下，这种方式既保证了较高的密度，又发挥了宽行通风透光的优点，便于田间管理。推迟封行期，减少荫蔽，改善通风透光条件，增产显著。

（三）宽窄行

这种方式采用宽行与窄行相间种植，由于调整了行距，在密度较高的情况下，比宽行密株更有利于协调个体与群体的关系，更有利于田间管理，有利于后季作物适时套作，解决前作后作的季节矛盾，增产显著。

（四）穴植

在土壤黏重潮湿、整地困难的水稻田，以及土质条件差的山区、丘陵坡地，干旱严重的地区，条播条栽较困难，采用穴植则简便易行，有利于集中施肥、抗旱播种，易于管理，利于全苗壮苗。穴植的行距、穴距及每穴株数，应根据密度高低、种植制度等决定。密度较低时，多采用行、穴距相等正方形形式；密度较高时，采用宽行密穴或宽窄行形式。密度较低时，每穴单株较双株有利，但密度较高时，每穴双株或三株比单株显著增产。

第二章　油菜营养特性与施肥

第一节　营养特性

油菜是一种需肥较多的作物。根据油菜生长发育中所需营养元素的多少，大致可分为两类。一类是大量和中量元素，如氮、磷、钾、硫、钙、硅、镁等；另一类是微量元素，如铜、硼、锰、锌、铁等。在油菜株体内，还含有铝、铬、镍、钒、钛、锶、钡、氟等微量元素，但它们的作用尚不够清楚。

油菜所需的大量元素，在体内的含量大大超过微量元素，一般可占到单株干物重的 0.2%～5.0%。其中以氮素的含量最高，以下是钙>钾>磷>硫>镁。微量元素在油菜体内的含量，以铁的含量最高，以下是锌>锰>硼>铜。目前对硼有较多的研究，因为油菜对硼反应较敏感，土壤缺硼会引起硼的营养缺乏症。其他微量元素则很少有报道。

油菜与其他作物相比，在营养生理上具有 4 个显著的特点。

第一，油菜对氮、磷、钾的需要量较多。

第二，油菜对磷、硼的反应比较敏感，当土地速效磷含量小于 5mg/kg 时，即出现明显的缺磷症状。

第三，油菜根系能分泌大量有机酸，导致矿物态磷的释放，因此能够从磷矿粉中吸收大量磷素，对磷矿粉的利用率比水稻高 30～50 倍。

第四，如果油菜用于收油菜籽，那么油菜籽采收后，主要的营养元素可以通过饼粕、落叶落花、茎秆、角壳、残茬等返回到土壤，和其他作物相比具有较高的养分还田率。

一、氮素营养

油菜不同时期植株的含氮量为 1.2%~4.5%（占干重），前期含量高，后期含量低。油菜从土壤中吸收无机态的铵态氮和硝态氮。由于氮素是需要量最大的元素，大多数土壤提供的氮素都是不足的，需要施用较多的氮肥，才能高产。

幼苗阶段，氮素的积累量少，积累强度低，积累强度每株每日积累纯氮（N）2.5~5.2mg。此时氮素主要分布于叶片，占单株总氮量的 90%~95%。

二、磷素营养

磷在油菜生长发育中，主要是对能量传递体系起介质的作用。光能通过油菜叶片的光合作用转变成化学能。这一过程需要有磷素的参与。因此，磷素是油菜生命活动不可缺少的重要元素。在土壤中，磷酸一般是以 $H_2PO_4^-$ 和 HPO_4^{2-} 的形态被油菜吸收的。根吸收的磷素很快向茎叶部分转移，因此施用磷肥后，植株的全磷和无机磷的含量也相应增加。由于磷素直接参与碳水化合物的转化和运转，因此，在其他条件良好的情况下，提高磷素营养水平，对于油菜的生长发育有良好的影响。缺磷时，会引起根系发育不良，叶片变小，叶肉变厚。严重缺磷时，叶片会变成暗紫色。

三、钾素营养

钾和镁是所有植物都必需的两种阳离子，油菜对钾的吸收量比磷多。因此，单纯靠土壤的天然供应量，往往不能满足油菜生长发育的需要。施用钾肥对油菜产量和品质的提高都有比较明显的效果。有研究表明，缺少钾、磷和氮，植株抗寒性能都很弱。钾素供应充足，植株抗寒性最强，而充分供应氮和磷的植株，抗寒性没有超过对照。油菜的吸钾量和吸氮量大体相同。保持土壤钾素平衡，如不及时施用钾肥，必然造成土壤钾素贮存量逐年减少，产生缺钾现象。

四、钙素营养

油菜对钙的需要量亦很大，钙作为油菜的一种营养元素的功能，与细胞膜有密切关系。缺钙会损害膜的透性，导致膜的损坏，这种失调首先发生在分生组织，所以缺钙会呈现出生长点和嫩叶变形或死亡的特征，如叶缘枯竭以及叶缘和脉间组织的坏死。

五、其他微量元素

油菜需要多种微量元素，但迄今为止，国内外仅对硼素有较为系统的研究及应用。

油菜是一种含硼量较高的作物，对土壤中硼元素的缺乏非常敏感，可视作硼的指示作物之一。硼能促进油菜植株体内糖类物质的运输，因为硼和糖形成的复合物比糖分子容易流动。硼还有促进油菜花粉粒形成、花粉发芽和花粉管伸长的作用，使油菜能够顺利开花、受精和形成种子。硼能促进氮的代谢，增强磷的吸收，保持油菜正常生长发育。油菜叶片的含硼量和缺硼症状之间的关系也很明显，正常油菜叶片含硼量在20mg/kg 以上，缺硼的油菜叶片在 9.4mg/kg 以下，发生"花而不实"的叶片含量在 5mg/kg 以下。油菜苗期缺硼，幼根停止生长，没有根毛和侧根，根茎肿大，皮层龟裂。随后幼叶缺绿变褐，不久生长点由褐色变为焦枯，直至死苗。

第二节 合理施肥

一、施肥方法

（一）有机肥的施用

各种有机肥最好经过发酵、腐熟后再施用。土地休闲时间较长时，可提前把有机肥翻入土中腐熟。施用方法有全层撒施、条施、穴施、普施与条施相结合、冲施。

（二）化肥的施用

用磷肥作基肥时，最好与有机肥分别施用。另外，施用挥发性强的碳酸氢铵、尿素等化肥时，宜在浇水时随水冲施。

（三）叶面施肥

叶面施肥又叫根外追肥，即把含有营养元素的肥料配成一定浓度的营养液均匀喷布在叶片上，由叶片吸收利用。从幼苗到产品形成期都可喷施。施用的肥料要溶解性好，不会产生肥害。目前施用的氮肥为尿素，磷、钾肥为磷酸二氢钾，微量元素肥料有硼酸、硫酸铜、硫酸锌，中量元素肥料有硫酸镁、氯化钙等，可单喷一种，也可多种混合喷施。

叶面施肥是补充和调节作物营养的有效措施，特别是在逆境条件下，常能发挥特殊的效果。各种叶肥都有一定的特性和作用，对长势旺或有旺长趋势的田块，应以补含钾叶肥为好，如磷酸二氢钾、草木灰等。作物长势弱、基肥不足的，应喷施尿素液等，可增强叶片的光合效率，增加干物质积累。

叶肥对作物的效应与使用浓度有很大关系，浓度不足或过高，都不能发挥作用。过浓会灼伤叶片，造成肥害，达不到预期目的。叶肥与农药或几种叶肥混配施用，如果混配适当，可以改进药剂性能，取长补短，发挥各自特长。如果不遵循混配原则而盲目混用，酸性肥与碱性农药混用，就会分散肥效而无效果，大部分叶肥都不宜与无机重金属盐类药品如硫酸铜、硫酸亚铁等混用，否则会产生药害。

叶肥效果的发挥与温、湿、风、光、雨、露等气象因子都有密切的关系。在气温 18~38℃时，叶肥的效果容易发挥。温度高，光照强，易挥发分散。有雨和露，硼肥液易被冲淡流失而不会有满意效果。风大，则易使肥液飘移散发，效果不佳。要提高肥效，必须依据当地天气预报，选择适宜的气候条件进行喷肥。

二、施肥量

（一）有机肥的施用量

施用有机肥的作用主要是补充土壤中氮素含量和改善根系营养条件。有机肥一般作基肥施入。由于油菜生长期较短，一般可根据油菜收获后下茬需种植作物的需肥量而定。

（二）化肥的施用量

化学肥料多为速效性肥料，直接补充土壤中营养元素的不足，特别是氮素的补充对蔬菜产量影响十分显著。各种蔬菜需要的化肥数量是有一定要求的，盲目大量施用化肥不但不能增产，反而增加土壤的含盐量，破坏土壤结构及土壤中养分平衡。油菜对主要元素的吸收量减去土壤中可供养分数量则为应补充追肥数量。

第三节　油菜主要营养元素生理
功能与缺素诊断

油菜对氮、磷、钾等营养元素的需求量较大，然而我国耕作土壤普遍缺氮，约 90% 的土壤缺磷和 60% 的土壤缺钾，在这些缺素土壤上种植油菜就必须要施用相应的肥料，要做到合理施肥，就必须先了解油菜在什么情况下需要施肥。

一、氮素生理功能与油菜缺氮症状

（一）氮素生理功能与油菜缺氮症状

氮素是构成蛋白质的主要元素，也是叶绿素、酶、核酸、维生素、生物碱的主要成分，因而是生命的基础。油菜氮素不足，植株生长受阻，对地上部分的影响更为明显，植株瘦小，分枝少，角果稀。叶片生长慢且小，黄叶多，下部叶片先从叶缘开始黄化逐渐扩展到叶脉；根特别细长，花、果发育迟缓，严重时落荚，不正常地早熟，千粒重降低。土壤缺氮，一般在油菜苗期就会出现症状。

（二）油菜缺氮的土壤条件

油菜吸收的氮素主要来自土壤，土壤中的氮素则主要来自加入土壤中的有机物，自然土壤中有机质含量与水、热条件关系密切，因而有一定的地域性，而且同一地区土壤中有机质含量还与土壤性质有关，一般黏重土壤有机质含量高，沙性土壤含量低；中性土壤含量高，酸性或碱性土壤含量低。

二、磷素生理功能与油菜缺磷诊断

（一）磷素生理功能和油菜缺磷症状

磷是核酸及核苷酸的组成成分，磷脂类化合物和多种酶分子中均含有磷，磷对油菜的糖代谢、蛋白质代谢和脂肪代谢过程有重要影响。油菜磷素不足，植株瘦小、分枝少、延迟开花成熟、角果稀少、千粒重下降，叶片生长慢，上部叶片深绿色、无光泽，中下部叶片呈紫红色，严重时心叶叶脉紫红色。

根系不发达。土壤缺磷，一般在油菜苗期就会表现出症状。严重缺磷时，会导致油菜苗死亡。

（二）油菜缺磷的土壤条件

土壤中的磷素主要来源于成土母质和有机质，并与热量条件和土壤性质密切相关。一般石灰岩、砂岩、第四纪红土、花岗岩、流纹岩等母质发育的土壤含磷量低，有机质含量低的土壤，含磷量低。土壤中磷的有效性与活性和土壤 pH 值有很大关系，在石灰性和酸性土壤中，磷的有效性均很低。

三、钾素生理功能与油菜缺钾诊断

（一）钾素生理功能和油菜缺钾症状

钾能促进光合作用，促进糖代谢、脂肪和蛋白质的合成，提高油菜抗旱抗寒能力。油菜钾素营养不足，植株变小，茎细而柔弱，节间长，易倒伏和感染病虫害，抗旱抗害能力下降。新叶长出速度慢，下部叶片从尖端和边缘开始黄化，沿脉间失绿，出现斑点状死亡组织，有时叶卷曲，似烧焦状。根系弱小，活力差。

（二）油菜缺钾的土壤条件

土壤中钾素含量主要与成土母质有关。石灰岩、砂岩、玄武岩发育的土壤含钾量低；沙质土壤含钾量低。土壤有效钾含量还受土壤 pH 值和水分的影响，一般酸性土和盐饱和度低的土壤有效钾含量低，土壤干燥影响有效钾向根部移动，同时引起钾的固定；土壤水分过多，通气条件差，影响根系对钾的吸收，同时也会使水溶性钾淋失。

四、硼素营养功能与油菜缺硼诊断

（一）硼素营养功能和油菜缺硼症状

硼素能增强光合作用，促进碳水化合物运输，促进氮代谢，改善油菜体内有机物的供应和分配。硼对根、茎等植株器官的生长、幼小分生组织的发育及油菜开花结实有重要作用。油菜硼素不足，最明显的症状是"花而不实"，严重时会导致菜苗死亡。缺硼影响根系发育，侧根很少，根表皮变褐；根颈膨大，有的内部变空，皮层龟裂；中部叶片由叶缘向内出现玫瑰红色，叶质增厚，易脆、倒卷。花序顶端花蕾褪绿变黄，萎缩枯干或脱落；有的抽薹迟缓，主花序和分枝花序极度紧缩矮化，形如试管刷；有的茎基部长出许多小分枝，到成熟期仍在陆续开花；开花进程慢或开花不正常，花瓣皱缩、色变深，柱头上乳突细胞萎缩，花柱扭曲皱缩，花柱导管扭曲或破裂或变细，胚珠萎缩不能发育成正常种子，往往形成空荚，即"花而不实"，有的则形成只有几粒不规则种子的粗大"萝卜角果"。

（二）油菜缺硼的土壤条件

硼是流动性较大的一种元素，受成土母质和成土条件的影响很大，各种岩浆岩、变质岩、石灰岩、红砂岩及砂质冲积物发育的土壤一般都缺硼，由于硼的溶解度大，我国中南部红壤和砖红壤区各类土壤含硼量最低，尤其是酸性岩浆岩（如花岗石、片麻岩）发育的红壤含硼量更低。即使全硼含量较高的土壤，也往往有效硼不足，油菜表现缺硼，除与土壤全硼含量有关外，还受下列因素的影响。

（1）土壤质地。黏质土能吸附较多的有效硼。

（2）有机质。有机质较高的土壤，有效硼有增加的趋势。

（3）土壤 pH 值。在 pH 值 4.7~6.7 内，有效硼随 pH 值升高而增加，pH 值 7 以上，则随 pH 值升高而减少。

（4）水分。水溶性硼易遭淋失，干湿交替会增加硼的固定，干旱常使有效硼减少。

（5）与钙、钾、硼等元素的关系。当钙、钾、氮供应增加时，油菜对硼的需求也随着增加，因而会出现缺硼现象。

第三章 油菜田间管理

第一节 冬前苗管理

一、生育特点和长势长相

油菜自移栽（定苗）到冬至，称为冬前生育阶段，这一阶段，基本上是营养生长期。在越冬前花芽开始分化，主茎总叶数的变化由生长点的转化决定，此时长柄叶不断抽生，根系主要向纵深发展，根颈、主根逐渐增粗，贮藏养分增多。此时苗期生长好坏，对油菜能否安全越冬、春后营养器官的生长和产量都有很大影响，所以，这一阶段是孕育高产架子、奠定春发基础的主要时期。

苗期高产栽培要求，要有相当大的苗体和较强的抗寒能力，具体长相指标因品种和茬口不同均不相同，根据冬前菜苗生长情况可分为以下几种。

（一）秋发苗

一般亩产在200kg左右。于9月上中旬播种育苗。10月中下旬移栽，11月底油菜苗达到9~10片绿叶，叶面积系数1.2以上；到12月底达到13~14片绿叶，最大叶长40~50cm，最大叶宽15~17cm，叶面积系数2.5以上，单株干重30g左右。

（二）冬发苗

一般亩产在150kg左右。于9月中下旬播种，10月底至

11 月初大苗移栽，到 12 月底达到 10~12 片绿叶，最大叶长 35~45cm，叶宽 13~14cm，叶面积系数 1.5~2.0，单株干重 25g 左右，根颈粗 1~1.2cm，叶片封行不拥挤，不抽薹。

（三）冬壮苗

为传统的冬前苗，一般亩产 100kg 左右。9 月下旬至 10 月初播种，11 月上中旬移栽，到 12 月底达 8~9 片绿叶，叶色绿，叶绿略带紫色，根颈粗 1cm 左右，最大叶长 25~30cm，最大叶宽 10cm 左右，接近封行，不抽薹。

（四）冬养苗

因播种或移栽过晚的迟苗。因土壤过湿或过干、栽后不发、叶色发红的老化苗（僵苗），12 月底，苗架只有饭碗大，冬前养苗不死，是一种低产苗架。

二、冬前生育阶段田间管理

从外界环境条件来看，冬前生育阶段气温较高，有利于油菜生长；但在长江中游地区，很多年份常遇秋旱和虫害，是影响本阶段油菜幼苗正常生育的主要障碍。从油菜本身来说，活苗返青，继续长新根，长新叶；一般甘蓝型品种，11 月下旬到 12 月中下旬开始花芽分化，油菜就由只生长根、叶等营养器官的幼苗期，过渡到既生长营养器官又进行生殖器官（花芽）分化的孕蕾期，即由单纯营养生长期，过渡到营养生长和生殖生长并进期（但仍以营养生长为主），这就要求有足够的养分供应，以满足其生长发育的需要。这一阶段栽培管理的主要任务，是充分利用这一个多月的时间，使油菜早发育，多长根、叶，同时多分化花芽和分枝，为壮苗越冬和春发稳长打下良好的基础。

（一）冬前栽培管理主攻目标

冬前培育管理的主攻目标是早发壮苗，达到苗全、苗齐、苗壮。

1. 早发壮苗的标准

在亩产菜籽 150kg 的水平下，越冬时（冬至）要求达到单株绿叶 9~10 片，根颈粗 1~1.5cm，叶面积系数 0.7~1 较为适宜。

2. 栽培管理的重点

油菜早发壮苗，早发是前提，没有早发就谈不上壮苗。因此，这阶段栽培管理重点是强调一个"早"字。

（1）以水促早发。华中地区秋冬干旱年份较多，水分不足，影响对营养物质的吸收，油菜生长缓慢，苗小叶少，冬前不能发棵，不利于有机物的制造和积累，抗寒力弱，甚至出现红叶现象。

（2）追肥促早发。在施足基肥的基础上，追肥要掌握"年前为主，年后为辅"的原则。冬前追肥要"重、速、早"。"重"，就是量要足，冬前追肥要占总追肥量的 50% 以上，一般分两次施用。"速"就是以人粪尿、化肥等速效肥为主。"早"，就是要施得早。

（3）中耕促早发。水田油菜，特别是三熟水田油菜，土壤黏重、板结、通透性差，更需要重视中耕松土。中耕松土能保墒、防旱、提高土温、有利通气和肥料分解，促使油菜发根、发棵。

（二）田间管理措施

1. 早施提苗肥

油菜移栽活棵后要早施提苗肥，使菜苗在较高温度条件下迅速生长，而温度下降过程中菜苗受到低温锻炼，碳氮比上升，转为紫边缘心的冬壮苗。苗肥要掌握早、淡、速效的原则。移栽油菜，栽时已施定根肥水的，可在栽后 10d 施提苗肥，栽后 20d 施壮苗肥，栽时只淋定根水，可在栽后 5~6d 和 15d 左右两次施用。直播油菜结合田间现状，多次轻施提苗肥，定苗后施壮苗肥。用施量应占总施肥量的 20% 左右，一般每亩人粪尿 15~25 担*或尿素 5~8kg。每一次应等量普施，第二次注意结合偏施弱苗、瘦苗。

2. 抗旱和防渍

要达到冬壮要求，必须保持土壤适宜水分。华中地区秋冬干旱的年份较多，常因土壤缺水，肥料不易分解，根系吸水少，造成油菜生长缓慢，苗小叶少，营养体小，抗寒力弱，影响花芽分化，因此在冬季干旱时要看苗看土进行灌溉。白菜型叶尖发黄，甘蓝型叶片发红，植株暗绿无光泽，表土一寸以下土壤手捏不成团，应及时灌水，其方法采用沟灌或稀粪水抗旱。在秋冬雨水多的年份或低洼处，由于土壤含水量高，影响根系生长，致使叶片发红，生长停滞，必须及时清沟排渍，保证水流畅通。

3. 中耕松土

中耕可以消灭杂草、松土保墒、提高土温，有促进根系健壮的作用。冬前一般进行 2~3 次，第一次在移栽成活后，应适当浅锄，最后一次较深，一般结合施腊肥进行。

4. 查苗补苗和防治病虫

查苗补苗和防治病虫，是保证冬壮全苗的一项重要措施，油菜移栽后，对于死苗、缺株要及时补苗。补苗过迟，气温低，恢复生长慢，不易达到冬壮要求。补栽苗要加强管理，力争迅速活棵生长，并要加强苗期病虫害的测报及防治。

5. 甘蓝型油菜的红叶现象及防治

油菜红叶，常先从老叶开始，逐渐向新叶发展，其外因是

---

* 1 担 = 50kg。

由于干旱、缺水、缺肥或渍害烂根影响吸收肥水所致。其内因是营养失调，由于根部吸收受阻，体内缺乏氮素参与叶绿素和蛋白质的合成，造成糖分相对过剩，导致花青素的合成量增加，因此叶片由绿变红。叶色变红后，绿色面积变小，光合作用减弱，抽薹生长衰弱或停滞，严重的甚至死亡。应根据主要因素决定，如因土壤过湿造成红叶，则应及时清沟排渍，松土通气，增施氮肥，如因干旱造成红叶，则应注意抗旱追肥。

第二节　越冬期田间管理

一、生育特点和长势长相

油菜从冬至到立春这个阶段，称为越冬期。这时油菜正处在苗期中的孕蕾期（即苗后期）。由于气温低，油菜营养生长和生殖生长都很缓慢，但由于晴天较多，昼夜温差大，积累的物质多，呼吸作用消耗的养分少，因此是一生中糖分积累最多的时期，也是油菜抵抗寒冷的一种适应手段，此时油菜的根系生长相对加快，逐步形成强大的根系网。

各种油菜冬前的苗架大小不同，入冬后，长势发生变化，原来在冬前长势快的秋发苗和冬发苗，入冬后长势缓慢，而冬前长势较慢的冬壮苗，入冬后反而比秋、冬发苗长势快，所以到了冬季末期，3 种苗的长相差距缩小。立春边缘 3 种苗叶数维持在 14~15 片，叶面积系数 3 左右。根颈粗，秋发苗达 1.4cm 左右，冬发苗 1.3cm 左右，冬壮苗 1.2cm 左右；外层叶色褪淡落黄，叶面蓝绿中浮现微紫色，叶缘呈紫色；内层叶为正常蓝色。

二、越冬期的田间管理

（一）冻害及其预防

油菜植株含水较多，组织较柔嫩，遇到低温易受冻害，尤其是气温骤然下降、持续时间长、土壤过干过温时，冻害最为严重。油菜冻害有 3 种现象，一是拔根，即由于播种和移栽过迟，耕作管理粗放，菜苗瘦小，根系入土浅，当土壤水分冻结，土层抬起，根系就被掀起扯断外露，再遇冷风日晒，造成死苗。二是叶部受冻，当气温降到 −5 ~ −3℃ 时，叶面细胞间隙结冰，体积膨大胀坏组织即受冻害。受冻叶片细胞失水，叶面出现水烫一样的斑块，后变黄再变白、干枯。三是蕾薹受冻，油菜进入蕾薹期后，抗寒力减弱，只要出现 0℃ 以下低温，就有冻害的危险，蕾受冻呈黄色；嫩薹受冻后破裂，严重的折断下垂，以致枯死。

油菜冻害的发生，外因是低温，内因是品种特性和生育特性不同。一般来说，直立、叶片薄而组织疏、叶色淡绿、蜡粉少的白菜型和甘蓝型早熟品种容易受冻；生长匍匐，叶片厚而组织紧密、叶色浓绿、蜡粉多的甘蓝型迟熟品种抗寒力强，其叶片含糖量高，细胞浓度大，不易受冻，同一植株内部叶片细胞浓度高于外部叶片，因而抗寒力强，受冻较外部叶轻。防冻害应以越冬时提高菜苗自身抗寒力为主，结合越冬期的管理措施进行，其具体措施如下。

重施腊肥：腊肥是油菜进入越冬期施用的肥料，它有防冻保暖、保冬壮、促春发的作用。腊肥施用时期在越冬前或越冬初期，一般在小寒前施用。腊肥应以有机肥为主，根据各地经验，底肥和苗肥用量要少，一般每亩用土杂肥 80 ~ 100 担或腐熟的猪牛粪 20 ~ 30 担，配合 10 ~ 15kg 过磷酸钙和部分草木灰作腊肥。如缺氮会导致落黄过早，每亩应加施 10 余担粪尿作腊肥。施用方法，一般与中耕结合进行，将肥料埋入土内为好。

中耕培土：应在封行前完成最后一次中耕，做到株边浅（3cm 左右），行间深（6cm 左右）。结合深中耕清理"三沟"，起土培蔸，将外露的根颈和腊肥一并埋入土内。

排除冰水：冬季土壤经过冻融交替，土块碎散，畦边土壤易自然崩落沟中，妨碍排水，土壤渍水成冰，日化夜冻，加重冻害。因此在融雪解冻时，立即清沟培土，加强保温。

灌水和撒草木灰：干冻重于湿冻。入冬后如遇久晴，表土干白，在低温出现前，进行灌水和浇水防冻，但灌水量不宜过多，以免造成渍害。有条件的地方，在有降霜现象的头天傍晚，可在叶面撒一薄层草木灰，可减轻叶面冻害。

（二）早花及其防治

油菜年前抽薹开花为早花。如遇 0℃ 以下低温，易受冻减产。早花原因较多，一是播种量过大，春性强的品种，在较高温下通过春化阶段，易发生早花。二是缺肥缺水、苗床播种量过大、移栽质量差等使其营养不良，迫使油菜提早转入生殖生长，也会早花。三是冬季温度高，也会使早、中熟品种提前抽薹开花。四是品种退化，甘蓝型品种与白菜型品种串花杂交，二代后早熟单株常发生早花。

早花的防治：根据品种特性，适时播种，加强肥水管理，培育壮苗，提高移栽质量，促使油菜正常生长，是防止早花的根本措施。如已出现早花现象，应及时摘去主薹，去除顶端优势，改变体内养分运转途径，促使分枝发育。

第三节 春季田间管理

一、油菜春季的生育特点和长势长相

从立春至角果成熟为油菜春季生育阶段。蕾花期是营养生长与生殖生长双旺时期；角果成熟期营养生长基本停止，是生殖生长旺盛时期。其生育特点：抽薹后，支根细根迅速增长和伸长，到盛花期达到高峰，盛花以后，靠根尖伸长不断形成根毛，终花后根系活力下降至停止。抽薹后各级花序生长点继续进行花芽分化，但多属无效花芽。薹期是主枝伸长壮大、短柄叶叶面积继续扩大、薹茎叶出叶时期。花期是各级分枝相继出叶、枝条伸长、主茎和分枝花序边开花结角边伸长的时期。角果成熟期是有效角果生长、籽粒充实和油分形成时期。

各种冬前苗都要求春发稳长。春发稳长的绿叶数较多，叶面积较大，茎秆粗壮，分枝多，干物质积累多，有利角果籽粒发育。春发不足，易导致早衰而影响产量。

（一）茎秆长势变化

开始抽薹后，一般日增长量 2~3cm，抽薹盛期要达到 9~10cm。茎粗苗秋冬发苗 2cm 左右，分枝 9~10 个，冬壮苗 1.5~2cm，分枝 8 个。

（二）平头高度

开始抽薹后，薹顶与上部叶片相对位置呈现"缩头""平头""冒尖" 3 个阶段。抽薹初期，薹顶明显低于上部叶，呈"缩头状"；薹继续伸长与上部叶平齐，呈"平头状"，平头时的高度称为"平头高度"。薹顶突出上部叶之上，称为"冒尖"。弱苗，由于春发不足，"平头高度"低，薹高 10~20cm 就冒尖。旺长苗大叶多，缩头时间长，"平头高度"过高，表示氮肥过多而疯长。春发稳长苗，"平头高度"恰当，肥料适宜，长势正常。据研究，亩产 100~200kg 平头高度一般为 30~40cm。

（三）薹色

主薹"出头"后，要注意薹色变化。"抽薹红"是指主茎伸长快定型时，薹的 2/3 左右呈微红色。达此长相，可少量施用化肥，有利增角增粒。

（四）叶片长势

以甘油 5 号为例，亩产 200kg 左右，蕾薹期平均单株绿叶数 15.3 片，最大叶长 47.3cm，宽 16cm；盛花期绿叶 18.4 片，最大叶长 37.5cm，宽 13.3cm。

二、油菜春季田间管理措施

春季田管主攻目标是春发稳长、防渍、防病、防倒伏。

（一）稳施薹肥

薹肥的作用是能延长柄叶的功能期，促进短柄叶和无柄叶的生长，使柄薹期保持较多的绿叶，促使根系充分发展，菜薹抽出粗壮有力，达到增枝、增角、增粒、增重的目的。薹花期是油菜吸肥强度最大的时期，吸肥量约占一生总吸肥量的一半。

越冬期生长较差的冬养苗，薹肥的肥效应落在壮薹、增枝、促花、添果、壮粒 5 个方面，薹肥应早施，一般在刚抽薹时，每亩施纯氮 2.5~3kg。冬壮苗薹肥效应落在增枝、促花、添果、壮粒 4 个方面，薹肥应较迟施，一般在薹高 10~13cm 时，每亩施纯氮 2kg 左右。越冬营养不足、苗架大的冬、秋发苗，薹肥的肥效应落在促花、添果、壮粒 3 个方面，薹肥尤应推迟少施或不施，一般在见花时，每亩施纯氮 1~1.5kg。

在终花期前后看苗施用粒肥，粒肥可延长无柄叶、角果皮和茎秆的功能期，增强光合作用的能力，一般在油菜出现早衰，终花期提前，叶色褪淡过早情况下施用。可采用根外追肥，每亩尿素、过磷酸钙各 0.5~1kg 或者磷酸二氢钾以 1% 的浓度喷洒在叶面上，可起到增加粒重、提高含油量的作用。

（二）清沟排渍

虽然油菜蕾薹期需水量较大，但是开春后一般雨水较多，常因土壤渍水，抑制根的活力，甚至造成烂根而影响产量。因此开春后，要加强清沟排渍，要达到沟内无明水、耕作层无暗渍的要求。

（三）病虫防治

油菜春季主要病虫有菌核病、白锈病、蚜虫等，其中以菌核病最为厉害。油菜经常发病会严重影响产量，要加强预报，及时防治。

第四章 油菜绿色优质高产栽培技术

第一节 冬油菜育苗移栽栽培

在冬油菜生产中有育苗移栽栽培和直播栽培两种方式。由于我国作物复种指数较高，冬油菜育苗移栽栽培面积较大。

一、冬油菜育苗移栽栽培优点

（一）解决季节矛盾，促进粮（棉）油增产

长江流域各冬油菜主产省区，油菜多栽培在稻田，不少地方采取早稻—晚稻—冬油菜复种，一年三熟，油菜一般要求在9月播种，而晚稻要到10月下旬至11月上旬才能成熟收获，两者季节矛盾很大。棉、油两熟制中，棉花拔秆与油菜播种亦有较大季节矛盾，通过油菜育苗移栽，则能较好地解决季节矛盾，实现粮（棉）油双丰收。

（二）有利于培育壮苗，提高油菜单产

油菜育苗移栽可利用苗床适时早播，既充分利用有利生长季节，又便于集中精细管理，有利于培育壮苗。在移栽前取苗时还可选择壮苗，淘汰病苗、弱苗，并按苗的大小和长势分类移栽，使其与本田油菜生长发育一致。

（三）育苗移栽油菜用种量较少

一般每亩苗床播种 0.5~0.75kg 种子，可育出幼苗 10 万~

16万株，可移栽大田10余亩。

二、适时播种

播种期对油菜生长发育和产量形成影响很大，在适宜的播种期能充分利用自然界的光照、温度、水分资源使油菜生长发育协调进行，从而有利于获得高产。

（一）根据当地气候条件

要根据当地气候条件，要有利于苗期生长发育，但也不能因播种过早而出现早薹、早花遭受冻害。油菜种子发芽的起始温度为3℃，发芽出苗适宜温度为15~20℃，一般播种的适宜气温为20℃左右。

（二）根据前茬作物收获期

要根据前作物收获期、油菜苗龄期的长短和适宜的移栽期，来确认适宜的播种期。这样不致造成油菜播种早，而前作未收，无法移栽，致使苗床密度大，形成高脚苗或弱苗。

（三）根据品种特性

要根据品种特性。一般偏冬性品种苗期生长慢，冬前不会早薹、早花，适时早播能发挥其增产潜力，而偏春性的品种早播后会出现早薹、早花，遭到冻害，因此播种期应适当推迟。如位于长江中游的湖南省一般栽培半冬性油菜品种。

（四）在病虫为害严重的地区

在病虫为害严重的地区，可通过调节油菜播种期避开或减轻病虫为害。一般播种越早，气温较高，病虫害发生越严重。在病虫为害严重地区，应适当迟播。

三、壮苗标准和培育壮苗措施

（一）壮苗标准

株型矮健紧凑，茎节密集不伸长，根茎粗短，无高脚苗、弯脚苗，6 片叶左右，叶片厚实，叶色正常，叶柄粗短，主根粗壮，支细根多，无病虫为害，具有本品种典型特征。根茎内机械组织、输导组织发达，髓部较大而较短。体内干物质含量高，发根力强。

（二）培育壮苗措施

1. 苗床准备

选好、选足苗床是培育壮苗的基础，也是保证完成种植面积的重要措施。一般应选择地势向阳、排灌方便、土壤疏松肥沃的地块。苗床不宜用近年种过油菜的地块。苗床面积最好按苗床：大田＝1∶（6~8）的比例留足。

苗床整地要做到平、细、实，经整地后开成 1~1.5m 宽的厢，厢沟宽 25cm 左右。每亩施 2 500kg 土杂肥和 20~30kg 磷肥作基肥。

2. 苗床播种

种子播前要晒种 1~2 次，然后风选或筛选。油菜苗床播种有撒播和条播两种，一般为撒播，每亩播种量为 0.5~0.75kg，要求分厢定量播种均匀，播后及时沟灌，使土壤湿润，以利出苗。

3. 苗床管理

苗床齐苗后即应开始间苗，以后每出一叶间一次苗，3~4 片真叶时进行定苗，苗距 8~9cm。若遇秋旱，应进行沟灌或浇灌。在移栽前一周最好施一次起身肥。注意防治蚜虫、跳甲、菜青虫、猿叶虫等。为防止高脚苗，在 3~4 叶时可喷

100mg/kg 多效唑或烯效唑。

四、需肥及施肥

(一)需肥特点

油菜对氮、磷、钾的需要量比稻、麦和大豆等作物多，对硼肥十分敏感，此外，对硫、钙、镁等元素也有一定要求。油菜虽需肥较多，但元素还田率高。

1. 氮素营养

油菜的整个生长发育期都需要氮，缺氮则长势不旺，新叶出生慢、叶片小、叶色淡、叶寿命短、植株矮小、分枝少、角果、籽粒少、产量不高。在油菜一生中对氮素的积累规律是苗期至抽薹前占 45% 左右，抽薹至花期占 45% 左右，终花到结角期为 10% 左右。成熟时种子含氮量占全株总氮量的 50% 左右。研究表明，甘蓝型油菜每产 100kg 菜籽需吸收 8.8~11.4kg 纯氮；白菜型油菜每生产 100kg 菜籽需吸收 5.8kg 纯氮。

2. 磷素营养

磷也是油菜生长发育不可缺少的重要元素。油菜缺磷则根系小、叶小、叶肉变厚、叶色深绿灰暗，严重缺磷时，叶片暗紫色，逐渐枯萎，推迟或不能进行花芽分化，严重影响产量。油菜吸收的磷主要分布在叶片和其他新生器官，最后积累在种子中的磷占总吸收量的 60%~70%。研究表明，甘蓝型油菜每生产 100kg 菜籽需吸收 1.0~1.8kg 纯磷，而白菜型油菜仅需吸收 1.2kg 纯磷。

3. 钾素营养

钾在植株体内呈现离子状态或吸附在原生质表面，对生长发育十分重要。油菜缺钾，则叶片和叶柄上呈现紫色，随后叶缘"焦边"或出现淡褐色枯斑，叶呈烫伤状。最后叶、茎枯萎折断，现蕾开花不正常。油菜在抽薹期含钾量最高，达3.0%~3.2%。成熟时积累在种子中的含量仅占总吸收量的21.3%~26.0%，而茎秆和果壳中占总吸收量的36.7%~40.4%。研究表明，甘蓝型油菜每生产100kg菜籽需吸收7.2~10.6kg纯钾，白菜型油菜每生产100kg菜籽需吸收3.6kg纯钾。

4. 硼素营养

油菜含硼量比其他作物高，因此需硼量也明显高于稻、麦等作物，正常油菜叶片高达20mg/kg以上。当叶片含硼低于9.4mg/kg时即表现缺硼；叶片含硼量低于5mg/kg时必定导致"花而不实"，严重影响产量，有时还导致失收。油菜在苗期和蕾薹期积累硼量相对较少，分别占全生长发育期的6%和6.7%，而初花期至终花期积累硼量猛增，达14.8%。终花至成熟时积累最多，占72.5%。可见油菜开花后需硼量最多。据研究，当土壤中水溶性硼小于0.2mg/kg时为严重缺硼，0.2~0.5mg/kg时为轻度缺硼。所以对油菜施硼肥有利高产。

5. 硫素营养

油菜吸硫量比其他作物高。油菜体含硫量比磷高，冬油菜每亩可吸收硫4~7kg，而吸收磷仅2~4kg。油菜体内不同器官含硫量以叶片最多，其次为根、茎、角果。在油菜种子中的含硫量为0.89%，对缺硫土壤施硫肥可提高种子产量和含油量。

（二）施肥原则

油菜施肥原则是施足基肥，施用种肥，早施苗肥，重施腊肥，适施薹花肥。基肥应以有机肥为主，化肥为辅，基肥量占总施肥量的30%~60%。油菜生长初期对缺磷反应敏感，故磷肥宜作基肥或种肥施用。种肥以化肥为主。苗肥要掌握先淡后浓、先少后多的原则，结合抗旱施用。腊肥一般在 1 月上中旬施用，以有机类肥、堆肥为主，铺撒于油菜行间。薹花肥要根据油菜长势看苗施用，最好进行根外追肥。硼肥最好在薹花期施用，也可结合基肥一起施用。

五、移栽和种植密度

（一）移栽

油菜在移栽前，大田土壤干爽，温度适宜，精耕细整，施好基肥，开好围沟、腰沟、厢沟，以利移栽。

在培育壮苗的基础上，应抓住季节适时早栽，力争移栽后在冬前有 40~50d 的有效生长期，以利冬前生长发育。当日平均气温 12~15℃时移栽，有利根系生长和成活。适宜的移栽苗龄是：甘蓝型中晚熟品种为 35~40d，早中熟品种为 30~35d。油菜移栽的前一天应将苗床用水浇湿，以便取苗。一般采取开沟或开穴栽苗，取苗时要多带土，少伤根，将大、小苗分级，边取苗边移栽，栽后施定根粪水。

（二）种植密度

油菜种植密度应根据土壤肥水条件、播种期、品种特性等因素来确定。一般肥水条件好、个体生长旺盛的要种得稀些，相反要种得密些；早播的要稀些，迟播的要密些；晚熟品种稀些，早熟品种密些。当前冬油菜在一般肥地以每亩 0.8 万~1.0 万株为宜，中等肥力的也以每亩 1.0 万~1.2 万株为宜，山区瘠薄地以每亩 1.5 万株为宜。

种植方式主要有以下几种。

1. 正方形种植

在密度较小情况下，油菜分枝可向各方向伸展，分枝部位低，有利多分枝，多结角。

2. 宽行密株

油菜的行距一般 40cm 左右，株距视种植密度一般为 12 ~ 20cm。在密度较大情况下，应改善田间通风透光条件，便于田间管理。

3. 宽窄行

在密度较大情况下多采用此种植方式，不仅有利于田间通风透光，还便于间作套种。

六、田间管理

（一）冬前管理

冬前是油菜构建一定大小的营养体、进行器官分化的重要时期，其中，苗前期是决定主茎节数的重要时期，苗后期是决定单株有效花芽数的重要时期，应促进油菜冬发。冬前长势长相的要求是：叶片浓绿而不发红，叶缘略带紫色，行将封行而不抽薹，单株总叶数（叶痕数+绿叶数）15 片左右（约相当于全株总叶数的一半），绿叶数 8 ~ 12 片，根系发达，根颈粗 1 ~ 1.5cm。主要管理措施除及时追肥外，应进行抗旱、除草，一般进行沟灌，灌后松土或在行间喷施除草剂进行化学除草。其次是防治病虫害，以防治蚜虫、菜青虫、跳甲等为主。

（二）越冬期管理

应做好保温、防冻工作，保证壮苗越冬。其长势长相的要求是：叶色浓绿，叶片厚实，根系发达，根颈粗壮，叶片开展而不下垂，孕蕾而不露，无冻害。主要管理措施最好结合施肥壅土培蔸，及时摘除冻叶。在暖冬年份，油菜早中熟品种常有早薹、早花现象，可进行摘薹，以早摘为好，摘薹要选晴天进行，减少伤口面积。若油菜缺肥，摘薹后须及时施用速效肥料。

（三）春后管理

春季油菜营养生长和生殖生长都很旺盛，主茎迅速生长，分枝大量形成，进行开花授粉结籽，直到成熟。此时气温渐高，但阴雨寒潮频繁，病虫害多。这时的长势长相要求是：薹抽出时的平头高度适中，薹粗壮有力，上下粗细较均匀，盛花期叶面积指数达4~5，后期不脱肥早衰，无病害。主要管理措施有进行人工辅助授粉包括养蜂传粉和拉绳传粉等，以及防治菌核病包括摘除病叶、老叶和药剂防治等。

第二节　冬油菜稻田免耕直播栽培

一、冬油菜稻田免耕直播栽培的优点

冬油菜稻田免耕直播栽培的突出优点是：在水稻收获后不需整地可及时播种，不影响油菜播种季节；土壤结构不被破坏，因而减少水土流失，土壤水分状况较好，土壤养分主要分布在0~5cm土层处，土壤微生物也主要在上层，有利于油菜生长；由于油菜群体密度大，根系入土深，植株互相支撑，抗倒伏性增强；减少用工，提高劳动生产率，如适于稻田免耕直播的一机四用的播种机（播种、施肥、开沟、覆土一次完成），播种一亩田约需半小时，成本费用很低，大大提高了劳动生产率。

二、播前准备

要选择地下水位低、土质好、土壤较肥沃的稻田。水稻收割前10d左右排水晒田。收后立即进行一次化学除草，每亩可用乙草胺80~100mL兑水15~20kg，喷施在土壤表层。然后开沟分厢，厢宽2m左右，厢沟宽30cm左右；厢沟深25cm左右，腰沟深 30cm 左右，围沟深 35cm 左右，并整平厢面。

三、播种

根据前作水稻收割时间，一般在 9 月底 10 月初播种，最迟不超过 10 月中旬。播种量一般为每亩 200~250g，每亩成株密度约为 2 万株。若播种期较迟，播种量可增加到每亩 300g 左右，每亩成株密度可达 2.5 万株以上。

播种方式可采用条播或撒播等，通常在水稻收割并喷施除草剂后 2~3d 开好播种沟，然后每亩用干细土 20kg 加硼砂 1kg 拌匀种子后分厢播种。若撒播可直接将干细土、硼砂和种子混合撒在厢面上。

四、施肥

油菜播后即施用种肥，一般每亩用 500kg 土杂肥和 10kg 磷肥拌和后盖种。若为撒播，播后每亩可撒施复合肥 50kg 于厢面上。

五、田间管理

冬前当油菜 4~5 叶时要喷施一次除草剂，每亩可用 12.5% 盖草能 50mL 或仙粑 50g 兑水 30kg 喷施。及时施肥，一般在 3 叶期时施一次苗肥，每亩可用油菜专用复合肥 50kg 加尿素 5~8kg 撒施。至越冬前施一次腊肥，每亩可用 5kg 尿素在叶片无露水的晴天傍晚撒施。2 月下旬，每亩用 50~100g 硼砂或硼酸兑水 50kg 选晴天进行叶面喷施，先用 40℃ 温水溶解硼砂，再兑水施用。幼苗子叶期还需及时查苗补种，去除丛生苗。若遇干旱应进行沟灌。春季做好清沟排水。开花始期每亩可用 1 000 倍菌核净液 50kg 喷施防治菌核病等。

第三节　油菜稻田免耕移栽栽培

一、品种选择

为了保障商品品质，同一区域内或同一个乡镇连片种植同一个油菜品种，采取统一供种的方式进行。选择适应性强、高产、优质、抗病强、适宜种植的主推品种，如中双 9 号、中双 10 号、华双 4 号、华双 5 号、丰油 701 等。

二、培育壮苗

苗床地要选择平整、肥沃、疏松、向阳、水源方便，尽量靠近大田场地。在 9 月上中旬抢墒播种，苗床用种量为 7.5kg/hm^2，苗床与大田比为 1：5。种子计量分畦均匀撒播，浅土覆盖。施氮磷钾三元素复合肥（20-10-18）450kg/hm^2，硼肥 7.5kg/hm^2，在苗床平整时均匀撒施在宽 1.5m 左右的厢面上。早间苗、匀留苗，3 叶期定苗，苗距（5~8）cm×（5~8）cm；定苗后及早追肥，一般施尿素 50~75kg/hm^2；苗床期气温较高，病虫害发生较普遍，出苗后每隔 3~7d 用 10%吡虫啉 800 倍液加万虫统杀 800 倍液喷雾，或用氯氰菊酯、速灭杀丁等农药防治蚜虫、菜青虫、黄曲跳甲等害虫，移栽前喷药防治虫扩散到大田；幼苗 3 叶期苗床用 15% 多效唑溶液 750g/hm^2 或 5%的烯效唑 300g/hm^2 兑水 750kg 均匀喷施油菜幼苗，切勿反复重喷，以防剂量过大。

三、大田整地

前作水稻留茬 17cm 以下，拉绳开沟做厢，以厢面宽 1.5~1.8m 开沟，沟宽 30cm，沟深 25~30cm，围沟和腰沟稍深、稍宽，沟土敲碎均匀撒在厢面上，做到"三沟"配套。采用开沟机开沟，开沟土均匀覆盖厢面，覆盖不匀的地方人工稍微耙平。

四、适时移栽，合理密植

10月中下旬 6~7 片绿叶移栽，秧苗要求矮壮青绿色、叶片厚、无病虫。根据地力确定种植密度，一般播种早、肥力好的田块留苗 12 万~15 万株/hm^2，播种迟、肥力差的田块留苗 15 万~18 万株/hm^2，特别迟播的田块留苗 22.5 万~30.0 万株/hm^2，一般不宜超过 30.0 万株/hm^2。移栽密度一般以 9 万~12 万株/hm^2 为宜，苗大、移栽期早的则稍稀，苗小、移栽迟的则稍密。移栽前 1d，苗床要浇水润土，以免起苗时伤根，使菜苗栽入大田后早活棵，快返青。用小铲起苗，带土移栽，苗要栽直，不能将苗栽得过浅或过深，并及时浇定根水。

五、肥水管理

底肥施氮磷钾三元素复合肥（20-10-18）600kg/hm^2，硼肥 7.5kg/hm^2 混合施入大田。蕾薹期施肥根据油菜的长势长相而定，一般施尿素 120~150kg/hm^2。在初花期根据油菜的长势长相调施花肥，可进行根外追施，以促开花上顶，多结果，增加粒重和含油量。在油菜薹期和初花期喷施 2 次高含量的速效硼肥，可用速乐硼 750g/hm^2 兑水 750kg 进行叶面喷施，以促进花芽分化，防止"花而不实"，增加单株角果数和每角粒数，提高粒重，增加产量。适时抗旱，保持土壤湿润，减少油菜遭受冻害，开春后要疏通田间"三沟"，做到排水通畅，雨停田干。

六、适时收获

全田 70%~80%的角果转为黄色或主茎中上部一次分枝所

结种子的种皮呈黑褐色时收割。收割时做到轻割、轻放、轻捆、轻运，以免籽粒脱落。堆垛或摊晒5~7d后及时脱粒，扬净晒干入库。

第四节　稻茬油菜机械直播避湿栽培

我国油菜种植主要分布在长江流域，大多为油菜—水稻轮作模式，遇持续阴雨天气，土壤含水量持续高位，油菜就极大可能发生渍害。渍害成为是影响油菜生产的主要灾害之一。

在油菜适度规模化生产的趋势下，特别是在机械化生产已大面积应用的地方，油菜播种期间受田块土壤含水量过高影响，农机设备下地后行走不便，或碾压加剧土壤板结，形成水坑，造成播种后出苗率下降，死苗弱苗增多。

应用直播避湿栽培可有效降低湿渍害，缓解湿渍害对处于低洼地块油菜生产的不利影响，保障油菜播种面积，确保油菜扩面增产，保障食用油安全。

一、日晒田排水

水稻灌浆后期至成熟收获，及时开好围沟，做好晒田排水，降低田间含水量。不仅有利于秋季水稻机收时减少机械碾压，也有利于水稻收获后开沟机械下田作业。

二、开沟排湿

水稻收获后，及时开沟排湿。推荐选择履带式拖拉机牵引圆（轮）盘式开沟器开沟。按照田块形状，按"田"字形开好排水沟，开沟深度应30cm以上，主排水沟可加深至40cm。排水沟在过田处，要开挖深缺口（宽35~40cm，深40cm以上），以便于排水顺畅。对于面积较大的田块，可增加排水沟数量，可每间隔 4~8m 开 1 条排水沟，开沟间隔距离应与播种机宽度相适应。

三、适期播种

直播油菜适宜播期在 9 月下旬至 10 月上中旬。

若土壤湿度过大不利播种，可推迟至 10 月中下旬播种并增加播种量。播种前 7~10d 可喷施灭生性除草剂灭茬，如喷施 30% 草甘膦铵盐 200~400mL 兑水 30kg/亩。

四、种子处理

播种前 1d 可采用噻虫嗪等包衣剂按种药比 100：1 进行拌种包衣。包衣后的种子在阴凉处晾干 12h 左右即可播种。对于部分根肿病发生严重区域，可增加咯菌腈、氰霜唑等进行包衣。

五、机械直播

（一）机械翻耕直播

若出现连续晴好天气，土壤绝对含水量低于 20%，或相对含水量低于 65% 的田块，土壤可承受中大型设备碾压，可择机翻耕晒田 2~3d，随后利用旋耕机平整土地，旋耕后可采用油菜多功能直播机一次性完成条状播种、施肥，以及开厢沟等作业。油菜播种量以 200~300g 为宜，播种深度 1cm 即可，播种时保证播种均匀度和成苗数（2 万~3 万株/亩），厢面宽度 2m 左右（与播种机宽度相适应），厢沟深度 15~20cm。

（二）免耕机械直播

若天气状况不佳，土壤绝对含水量维持在 20%~27%，或相对含水量在 60%~80% 的田块，可采用免耕机械直播方式播种。采用履带式拖拉机牵引油菜播种机械条播。播种量以

250~400g/亩为宜。播种时可保留田间排水沟，设备允许可在免耕机直播时加开厢沟。

(三) 无人机飞播

对于土壤排湿情况较差，土壤绝对含水量高于27%，或相对含水量高于80%的田块，通常大型拖拉机下地易碾压破坏厢面，此时可采用无人机飞播实现油菜播种、施肥。飞播时飞行高度3~5m，播种量适当增加，为350~450g/亩。

六、施足底肥

油菜播种前应做好充足底肥准备，可施用油菜专用配方肥（总养分≥45%，含硼）或三元复合肥（总养分≥45%）40~50kg/亩。施肥方法可根据播种方法选择。对于翻耕—旋耕机械直播途径，可在旋耕时提前施入底肥，也可在播种时同步施肥。

对于旋耕时施肥，旋耕施肥深度可在10cm左右，在防止肥料流失同时避免后期种肥接触，提高出苗率。

对于旋耕或免耕途径下直播机同步条状播种、施肥，其中施肥深度5~10cm，避免种肥接触。对于无人机飞播，可将种子与肥料混匀后播种，但应避免肥料在空气中暴露时间过久黏附种子，堵塞出口。对于根肿病发生较重的地区，可在播种前7d，旋耕时施入氰氨化钙10~30kg/亩。

七、封闭除草

播种后1d内喷施封闭除草剂，喷施96%精异丙甲草胺或50%乙草胺30mL/亩进行芽前表土喷雾封闭。封闭除草剂可利用无人机喷施，也可采用常规机械喷施。无人机喷施因药剂稀释倍数较低，通常在100倍以下，药液浓度偏高，尽量在无风或微风时作业，减少药液飘移，且喷施前应在保证药液混合均匀。无人机喷施距离地面高度 1~3m，施药液量为 1~2L/亩，飞行速度为 3~4m/s。常规机械喷施药液量 15L/亩。

八、病虫草害防治

湿渍害田块油菜幼苗期重点防治猝倒病、根肿病、跳甲、蚜虫、夜蛾类幼虫等病虫害。在油菜出苗后 5~7d 内喷施精甲·噁霉灵及噻虫嗪稀释液防治猝倒病和跳甲，对于靠近树林、草丛、林盘等跳甲发生较重的田块，间隔 7~10d 连续防治 2 次跳甲。发生蚜虫为害时，可用黄板、杀虫灯等物理手段防治，也可喷施 10%吡虫啉稀释 2 500 倍液等喷雾进行化学防治。对于根肿病发病田块，可在苗期发病初期用 1 500 倍氰霜唑或氟啶胺稀释液进行灌根处理。苗后除草需在油菜 5~8 叶期、杂草 3~5 叶期时进行，可用 10.8%高效盖草能（高效氟吡甲禾灵）30~40mL 兑水 30kg/亩喷施除禾本类杂草，用 30mL 草除灵（高特克）兑水 30kg/亩喷施除阔叶杂草，也可两者复配禾阔双除草。苗期发生夜蛾类幼虫为害时，可喷施用 1.8%阿维菌素 30mL，或 5%甲维盐兑水 30~50kg/亩喷雾进行化学防治。

九、提苗促壮

对于田块含水持续偏高，出现渍害的油菜苗，在 3~5 叶期易出现叶片发黄、发红等现象，此时可喷施 S-诱抗素、萘乙酸、吲哚丁酸等生根类制剂的稀释液 25L/亩，促进诱导油菜植株萌发新根。

喷施生根剂 7~10d，待油菜长出新根后，追施尿素 1~3kg/亩提苗，同时增施硼肥 1kg，配施 0.004%芸苔素内酯，促进油菜苗快速返青，在入冬降温前恢复生长。

十、花期管理

若冬季温度偏低，可在抽薹至始花期防治菌核病。防治菌核病可喷施 25%咪鲜胺乳油 40~50mL 兑水稀释至 25L/亩，可间隔 7~8d 再次喷施。对于现蕾偏早、油菜长势过旺的田块，可在现蕾后喷施化控剂，如 5%烯效唑粉剂、矮壮素等，可喷施稀释后药液 25~30L/亩。喷施生长调节剂时应合理规划喷洒路线，精准喷施，切勿重复喷洒，避免过度调控。

十一、适时机收

准确判断适宜收获窗口期，防止过早或过晚收获对油菜的产量和品质产生不利影响，确保油菜丰产增收。油菜收获期要密切关注天气变化，尽可能避免或减少降雨天气的作业时间。油菜机收分为分段收获和联合收获。根据油菜种植方式、气候条件、种植规模、田块大小等因素因地制宜选择收获方式和机具。

（一）分段机收

分段收获对品种及其机械化特性要求低，适应性好、适收期长、损失率低，收获无青籽，但两次作业增加成本。对于规模化种植且田块较大的油菜，以及植株高大、产量水平大于 180kg/亩的油菜田块，收获期多雨或有极端天气的地区，采用分段收获安全性高。因油菜角果成熟期不一致，因此优先推荐分段机收技术。

分段机收开展机械割晒与机械捡拾脱粒 2 次作业，均需适时收割和及时捡拾脱粒，过早过晚都会造成减产。分段收获的最佳割晒时期为黄熟期，判断标准是全田 70%~80%角果外观颜色呈黄绿色或淡黄色，且籽粒开始加深转色，此时采用割晒机割晒，割晒留茬高度 50cm 左右。割晒机械可用履带式联合收割机挂载专用油菜割晒台。做到割晒铺放连续不断空，厚薄一致，有序铺放在割茬之上，无漏割。

割晒后熟 4~7d（依据天气情况），在籽粒变成黑色或褐色、籽粒和茎秆含水率显著下降、油菜籽成熟度达到95%以上、籽粒含水率下降到15%以下时进行机械捡拾脱粒作业。机械捡拾脱粒可采用联合收获机挂载油菜捡拾台进行脱粒。捡拾最佳时间段是晴天早、晚或阴天，避开中午高温时间段。捡拾脱粒作业前应按油菜籽收获要求调整脱粒滚筒转速、凹板筛脱粒间隙、清选风机风量、更换清选上筛、调整清选筛片开度等。采用油菜分段机收作业应达到总损失率≤6.5%、含杂率≤5%、破碎率≤0.5%。

（二）联合机收

联合收获具有便捷、灵活、作业效率高、收获直接成本低的特点，适用于成熟度一致、植株高度适中、倒伏少、裂角少的油菜品种，但该技术收获损失率较高。若油菜产量估产低于150kg/亩、田块较小、株高适中、倒伏情况少的，推荐采用联合收获机收获。

联合收获过早会产生脱粒不净、青籽多、油菜籽产量和含油率降低问题；过晚收获容易造成裂角落粒、割台损失率增加。最佳收获期在黄熟期后至完熟期之间，判断的标准是全田90%以上的油菜角果变成黄色或褐色，籽粒含水率降低到25%以下，主分支向上收拢，此后的3~5d即为最适宜收获期，应集中力量在此期间完成收获。

联合机收推荐采用油菜籽专用联合收获机，也可用谷物联合收割机挂载油菜收获割台。收获割台进行收获作业，收获前也需调整脱粒滚筒转速、凹板筛脱粒间隙、清选风机风量、更换清选上筛、调整清选筛片开度等作业参数。

油菜联合机收时，要求割茬高度一般在20~30cm。

联合收获作业应达到总损失率≤8%、含杂率≤6%、破碎率≤0.5%，收割后的田块应无漏收现象。

第五节　春油菜栽培

春油菜生长发育特点：一是生长发育迅速，生育期短。全生长发育期最短的仅 60 多天，一般 100~120d。2~4 叶期即开始花芽分化，6~8 叶期即可现蕾，开花至成熟仅 40 多天。二是植株个体小，生产力较低。春油菜主茎总叶数仅 20 多片，株高 80~120cm，一次有效分枝 3~5 个，单株结角果 50~150 个，单株产量较低。但当地昼夜温差大，历时较长，因而种子千粒重、含油量常比冬油菜高。

春油菜栽培技术的主要特点是：春油菜均为一年一熟制，采取直播栽培、机械种植，劳动生产率相对较高。

一、选用早熟高产的春油菜品种

应选用更早熟高产、优质、适于机械化栽培的油菜品种和杂种，并要求品种纯度高，种子播种品质好，实现丸衣化。

二、注意轮作，精细整地

种植春油菜应注意与麦类、玉米等作物土地，以及休闲地进行轮作，每 3 年左右轮换 1 次。在土壤耕作上要做到早、深、碎、平、实。在播种前必须进行镇压作业，以保墒、提墒和控制播深。播种后也要及时镇压不过夜，否则出苗慢而不齐。春油菜常采用起垄栽培，一般进行秋起垄，在伏秋整地的基础上，在入冬之前起好垄，同时把底肥夹施在垄体中，这样墒情好，地温高，垄体上松下实，有利油菜生长。

三、适时早播，增加密度

适时早播可以充分利用生长季节，促进株壮早熟。油菜种子发芽的最低温度一般 3℃ 以上，但播种至出苗所需时间则随温度递升而明显缩短。当日平均气温在 2.5~4.1℃ 时，播后需 20d 左右出苗；气温 5~8℃ 时，需 8~10d。春油菜一般以日平均气温回升稳定在 2℃ 时即可播种，在一年一熟地区可在气温稳定 5℃ 左右时播种。过早播种出苗不易整齐。如果延误播期，可以催芽播种。春油菜个体生产力低，一般以主轴和少数大分枝上的角果籽实构成产量，所以要比冬油菜提高密度，扩大群体，才能高产。每亩株数高肥水平 3.5 万~5 万株，低肥水平 8 万~10 万株。西北小油菜体形更小，每亩密度可提高到 10 万~20 万株。

四、提高播种质量，争取苗早苗齐

春油菜可采用窄行条播，使种子入土深浅一致，达到苗全苗齐。不能条播的也可撒播。条播的行距 10~15cm，每亩用种量根据留苗密度与土壤情况决定，一般 0.25~0.5kg。遇冬春干旱，小雨接墒时要抢墒播种，或争取"三湿"（地湿、种湿、粪湿）播种，使种子早吸水萌动出苗，力争早苗。

五、早施肥料，狠促"一轰头"

春油菜生育期短，为了保证早发快长，施肥要早。基肥腊施，带肥下种，追肥狠促"一轰头"。基肥如堆肥等可在冬季结合冬耕施肥，以加快分解，腊施春用。播种时拌和肥料，带肥下种，或在播种时浇盖籽粪，都有利于幼苗生长。追肥要早施，以化肥和腐熟人粪尿为宜，第一次在齐苗后施。抽薹前要结束追肥，防止追肥过晚，贪青迟熟。

六、注意灌溉，满足需水

油菜的蒸腾系数为 337~912，田间耗水量为 3 000~

4 950m³/hm²，萎蔫系数为 6.9%~12.2%。在亩产 200kg 条件下，全生长发育期总耗水量在 400~860mm。春油菜苗期耗水占 20%左右；薹花期耗水强度大，占 40%~50%；结角期耗水强度下降，为 30%左右。可见薹花期是油菜一生中的水分敏感期。所要求适宜土壤水分为田间最大持水量的百分率是：种子萌发出苗期为 60%~70%，苗期 70%~80%，薹花期为 70%~80%，结角期 60%~80%。关于春油菜的灌溉经验有"头水晚，二水赶，三水满"的说法。所谓头水晚灌以不影响花芽分化需水为准；二水要赶上现蕾抽薹需水；三水要满足开花需水。

七、早培早管，防御灾害

春油菜在早春低温时播种，出苗期长，为了保证苗早苗齐，在春旱和寒流影响下，要注意春灌窨墒（沟下浸水）保持土壤湿润。齐苗后即可间苗，一次定苗。如当地虫害严重，有缺苗可能时，则可在 3 叶期定苗。春油菜虫害严重，病害相对较轻。发生普遍而为害严重的害虫，苗期有黄曲条跳甲，开花结角期有蚜虫，角果发育期有潜叶蝇等。病害主要是霜霉病、白锈病等。因此，在油菜的一生中都要注意病虫草害发生情况，及时防治。

第六节　油菜套种技术

一、稻田套播油菜种植技术

套播油菜是指在水稻成熟收获前将油菜播种在具备一定条件的水稻田内，并配合科学的种植技术使油菜自然生长的一种种植模式。

（一）品种选择

品种选择是稻田套播油菜实现高产的基础，品种对农作物的生长发育、产量和品质等方面都有着直接的影响，要能适应当地气候和土壤条件。油菜在稻田未收获时播种，因此应选择高产稳产、耐水渍、抗逆性强的品种，以便能应对冬闲田低洼多湿、水稻腾茬迟等问题。综合以上条件考虑，可种植阳光131、华油杂72、阳光50等品种。

（二）种子处理

定好油菜品种后要进行种子处理，以提高种子发芽率，降低病虫害发生概率。应从正规渠道购买种子，若为自留种，需去除种子中的杂质，用风选的方法去除种子中的空秕粒。然后需对挑选出来的优质种子进行杀菌消毒，可先晒种 1~2d，再进行拌种处理，以预防苗期病虫害的发生。可用 40% 多菌灵·福美双可湿性粉剂 500~1 000 倍液浸种 12h 后再播种，或者用新美洲星 30mL 原液拌种 0.75kg 种子，需随拌随播。

（三）整地

应挑选灌溉方便、地块平整、土壤肥沃的田地，且以成熟期相对较早的晚稻田为佳。选好稻田后需在田地四周开挖边沟，排出稻田内多余的积水，防止油菜套播后因土壤透气性不好而出现烂种、烂根问题。

水稻收获 7d 左右可每亩施入 30kg 左右的氮磷钾复合肥和 1kg 以内的硼砂，为油菜生长提供充足的营养。

（四）播种

稻田内水稻和油菜的共生期一般为 5~7d，因此，施肥 2d 后便可播种油菜，可根据水稻收获期适时早播。每亩播种量为 0.3~0.4kg，需与 5kg 的尿素混合后播种，可人工撒播或机械喷播。若遇干旱年份，应造墒播种，且播期应延迟，播种量也应适当增加，最迟不超过 10 月 31 日，种子亩用量不超过 0.5kg。油菜播种还可采用种肥同播的方式，播种采用 N：P_2O_5：K_2O = 25：7：8 油菜专用缓释肥（有效成分含量 ≥ 0.15%），亩用肥量 40kg 左右。若采用种肥同施的播种方法，播种前则无须施基肥。

（五）田间管理

1. 收割水稻

油菜播种后最迟 7d 内，需收割水稻。应在晴天下午收割，以防稻谷腐烂霉坏。收割时应留茬 30cm 左右，以减少田间稻草覆盖厚度，利于油菜出苗。水稻收割后 2~3d 应及时清理田间秸秆，避免影响油菜出苗。

2. 追肥管理

套播油菜需在越冬期每亩追施 6~7kg 尿素、2~3kg 氯化钾。在返青期菜薹高 5cm 以上时，每亩需追施 8~9kg 的尿素。当油菜出现叶小而厚脆、叶片变红、叶脉略粗变黄等情况时，代表油菜缺硼素，可在油菜始花期每亩用 0.1kg 硼砂兑水 50kg 喷施，补充硼素，保证植株健壮生长。当油菜出现植株矮小、叶片颜色暗淡、叶片变厚等情况时，可在始花期前后每亩用 250g 尿素、100g 磷酸二氢钾兑水 40kg 叶面喷施，以延缓叶片衰老。叶面喷肥可连续喷施 2~3 次，每次间隔 7~10d。

采用种肥同播方式播种的油菜，后期无须采用以上方法施肥，可根据植株生长情况在蕾薹期每亩追施 3~5kg 的尿素。

3. 查苗补缺

油菜长至 3~5 叶期，进行查苗补苗。密苗处间苗，去弱留强；稀苗处补苗，最终每亩留苗 6 万株左右。

4. 除草

稻田套播油菜容易滋生杂草，应根据幼苗和杂草的情况及时除草，避免杂草与幼苗争夺养分。除草最佳时间为杂草 2~3 叶期、油菜 4~5 叶期，每亩可用 10.8%高效盖草能乳油 30mL 兑水 50kg 均匀喷施，或用 20mL 的 10.8%精氟吡甲禾灵兑水 15kg 喷施。

对于阔叶杂草较多的地块，每亩可用 50%草除灵 20mL 或 50%高特克悬浮剂 30mL 兑水 50kg 均匀喷雾。

5. 防早薹

油菜早薹会导致油菜的生长周期缩短，限制了植株的生长和发育时间，影响油菜籽的产量和品质。为防油菜早薹，可在 12 月上旬每亩用 15%多效唑 50g 兑水 50kg 喷施。对于立春前现蕾开花的植株要打薹，打薹宜在晴天进行。

二、油菜套种双孢菇

油菜套种食用菌可减少投资，缩短生长周期，提高经济效益，方法也较简单，便于操作，这种套种模式不但可以增加土壤有机质，改良土壤结构，提高土地利用率，而且可使油菜产量有一定的提高，同时减轻食用菌的病虫害且节省草棚或塑料薄膜等，大幅降低生产成本。

（一）选地及整地

选择地势比较平坦、水源充足的土地。

选好地块后进行旋地、整地，做到多耕多耙，整平整细。

（二）双孢菇培养料的制作

1. 备料

按照油菜地套种双孢菇的面积计算所需培养料。每亩所需干玉米秸秆 1 250kg、干稻草 1 000kg、干牛粪 150kg、复合肥/尿素 30kg、过磷酸钙 90kg、石膏粉 70kg、石灰 50kg。

2. 堆料

油菜套种双孢菇，双孢菇栽培时间为 10 月上中旬，前期栽培为露天栽培，与设施内栽培不同，大田露地栽培要求栽培时避开大雨季节，过早易受涝灾，过迟影响秋菇产量。因此堆料时间一般为 9 月上中旬。堆料前 3~5d 将玉米秸秆、稻草秸秆剁成 5~10cm 的段，抖散，然后用清水将干牛粪、稻草、玉米秸秆拌匀拌湿，以不结块为宜进行堆放发酵。

建堆时料堆要背阴背风，采用南北向为宜，料堆宽 2.5m，长以栽培料的量而定。先铺 1 层约 25cm 玉米秸秆和稻草碎段，然后铺 1 层干牛粪料等，浇水完全打湿，以此类推，料层逐渐减薄，最后 1 层约 15cm，形成金字塔形的料堆，顶部稍平，在料堆上覆塑料膜，起到增温、保湿、防雨的作用，使料堆的温度达到 60~70℃，预堆 5~7d。

3. 翻堆

共翻堆 5 次，第一次间隔 10d，翻堆时清水和复合肥/尿素浸透；第二次间隔 7d，翻堆时加入清水和过磷酸钙、石膏；第三次间隔 5d，翻堆时加入清水和石灰；第四次和第五次间隔 3d，翻堆时加入清水即可。最后一次翻堆后再继续发酵 3d即可下料。翻堆过程中充分翻匀，保证料堆上下和左右调位，使培养料混合均匀。翻堆时将堆料彻底抖散翻面，再盖上塑料膜进行保温发酵。最后发酵好的培养料呈咖啡色，质地较松软，不粘手，无臭味、氨味。湿度保持在用手捏培养料，指缝可见汁液流出但不成水滴状即可，同时保持 pH 值 7.0 左右。

(三) **填料**

1. 开沟

用小型开沟机进行开沟，沟宽 40cm，深 20cm，长度随地形进行调整。栽培双孢菇的沟开好后，在 10 月上中旬进行下料。

2. 填料

将提前培养好的双孢菇菌种倒出掰碎，用菌种量为 2 瓶/m²，接种量 10%~20%。

填料时先将 1 层腐熟的培养料填入行沟中，用手轻拍使其松紧适宜，再放 1 层菌种，培养料和菌种填放 2 层，最后用稻草覆盖。

3. 覆土

播后 15d 左右，待菌丝长满整个沟面，并且往下深入料层 2/3 以上，进行覆土，把开沟挖出的散土覆盖到沟面上，覆土厚度 4~5cm，再盖上稻草。培养时温度最好控制在 15~20℃，湿度为 60% 左右，在出菇时增加湿度，使培养料的含水量达到 62%~65%，覆土层含水量达到 18%~22%，空气湿度要求在 90% 左右，刺激出菇。

（四）油菜育苗及移栽

在双孢菇堆料时，可进行油菜育苗。选择高产的油菜品种。在整理好的育苗床施底肥，可用农家腐熟肥 1.5kg/m² 和磷肥 20g/m²、氮肥 25g/m² 混合均匀。选取优质的油菜苗按照常规的株距和行距（10cm×10cm）进行播种。播种前用水预湿土壤，保证土壤有一定的湿度，下种后，用土盖好，并用氯氰菊酯 25mL 兑水 15kg 进行喷施。出苗后，做好管理，适时喷水，保持湿度，待油菜苗长到 5 叶时进行大田移栽。

施足底肥再开好四周排水沟、分厢，以东西向为宜，厢宽 1.6m，可分 6 行，厢与厢之间作为蘑菇栽培沟，厢与蘑菇栽培沟之间留管理行，宽 50cm。开好厢后，去除小苗、弱苗、病苗、杂苗后，选取优质的油菜苗进行移栽，移栽时最好选择阴天，移栽的苗尽量多带土进行移栽，以保证油菜的成活率。

（五）田间管理

1. 双孢菇的田间管理

（1）秋菇管理。11—12月长出的双孢菇即为秋菇。覆土后至出菇前管理的重点是调节覆土层的含水量，覆土层保持18%的水分，喷水采用电动喷雾器或喷灌带喷水。当菌丝长到距土面1cm左右时加强通风，减少表土水分，防止菌丝继续上升。当菌丝开始在土层中扭结时及时喷水，刺激菇蕾形成，有大批菇蕾形成时，再喷1次出菇水。出菇期间要求小气候相对湿度保持在85%~95%。连续晴天，空气干燥时增加喷水次数和数量，若遇大雨、绵雨应停止喷水，并用薄膜等加以遮盖，防止雨水流入料中，使培养料产生病害，导致蘑菇产量和品质降低。此外，根据出菇的数量调节培养料的湿度，遇大批量出菇，且蘑菇生长较大时所需水分较多，要适当多喷水，反之，遇到小批量出菇，且蘑菇朵较小时，要减少喷水次数和喷水量。遇高温天气，选择在早晚进行喷水；遇低温天气，可选择在中午喷水。每次喷水后保持通风换气。一般在秋天出菇的蘑菇，采收期在每年的11—12月，田间管理要特别注意前期防高温高湿，后期防寒潮低温。

（2）越冬管理。双孢蘑菇菌丝生长的适宜温度为20~25℃，子实体发育最适温度为10~18℃。高于19℃时，子实体生长较快，菇柄细长，肉质疏松，伞小而薄，且易开伞；低于12℃时，子实体长速减慢，敦实，菇体大，菌盖大而厚，组织紧密，品质好，不易开伞。在冬季气温较低时可选用塑料薄膜或增加盖草厚度来保温保湿。采摘后的枯黄菌丝体和死菇及时进行清理，防止病虫害发生。覆土层适当松土，防止土壤板结，覆土层土量减少时也可进行适当补土，保持土面疏松平整。如果冬季多为阴雨天气，所以在出菇时要减少喷水次数，连续低温多雨可不喷水。

在越冬期间保持土壤干湿适宜，土粒间有水分，用手捏紧放开后，土壤能散开最佳。

（3）春菇管理。在每年开春后2月下旬至5月上旬长出的双孢菇即为春菇。在3月下旬至4月下旬，天气转暖，气温升高，达到出菇的最适温度，此时出菇量较多，为盛产期，所需水分较多，要适当增加喷水次数和喷水量，也要做好通风换气措施。这段时间气温变化较大，由低到高，降水量也不稳定，所以前期应以保温为主，后期增加喷水次数和数量，注意降温保湿和通风换气。

2. 油菜田间管理

（1）查苗补缺。油菜苗在移栽后会出现死苗的情况，此时要做好补苗工作。

（2）追肥。在移栽7~10d后，将尿素2kg/亩兑水300kg，进行浇施追肥。在12月底，再进行一次追肥，用腐熟农家肥0.75t/亩兑水2 250kg浇施，在油菜开花前均匀喷施硼肥0.2kg/亩兑水30kg，进行最后一次追肥。

（六）采收

1. 蘑菇采收

双孢菇采收时选取充分长大但尚未开伞的菇朵进行采收，达到采收标准的全部采收，生长未达到采收标准的等待下次采收。采收时把已坏死的菇体及杂草等进行清理。采收后会留下蘑菇孔穴，应用潮湿的细土填平，保持床面平整，以便后续出菇。

2. 油菜收割

在油菜花凋谢1个月后，油菜植株变成黄绿色，种皮变成黑褐色时，表明油菜已成熟，可进行收割。将油菜植株割倒后进行晾晒，便于油菜籽的后熟，1周后进行脱粒、扬净、晒干后储存。

第七节　双低油菜栽培技术

一、规模化种植

选择产量、熟期、抗性等综合性状优良的双低油菜品种，因地制宜引种示范推广，实行统一供种，集中连片，区域化规模种植，在种植优质油菜区域内，不允许种植高芥高硫甙油菜。我国当前大面积油菜生产仍然有一部分常规油菜品种，芥酸、硫甙含量都很高，如果插花种植，就很难达到优质商品质量的要求。集中连片种植有利于生产上统一管理，促进平衡生产，提高栽培水平，是保证商品油菜籽品质和便于收购的重要措施。

二、及时早播育苗、直播油菜

一要抢季节播种，应在9月底开始，10月上旬结束；二要间苗管理，有些地方直播油菜不间苗，每穴留苗10余株，这样造成"苗荒苗"，产量低。育苗移栽油菜播种期9月上中旬播种，苗龄35~40d较为适宜。培育壮苗首先要留足苗床，苗床与大田比1∶（5~6），每亩苗床播0.4~0.5kg种子。播种前苗床要施足底肥，整细整平，足墒播种。出苗前以保墒为主，防旱、防涝、防板结，力争苗齐苗全。出苗后间除丛生苗，3叶期定苗，每平方米留苗120~130株。在育苗移栽田3叶期或直播田3~5片叶时，亩喷施100~150mg/kg多效唑溶液50~60kg，防止高脚苗，培育矮壮苗。一般在10月下旬栽完。移栽前，大田要整地施肥，苗床前1d灌水，便于起苗，起苗时多带土不伤根，大小苗分类移栽。移栽时，施好苗肥，及时浇水，促苗早返青生长。

三、施肥及合理密植

双低油菜在营养代谢与养分需求方面，表现出糖高氮低，对磷、钾、硼素需求量大，为发挥品种增产潜力，要少施氮肥，增施磷、钾肥，实行配方施肥，有机与无机肥结合施。一般亩产 150kg 的施肥标准：亩施纯氮 12.5~15kg，五氧化二磷 7.5~10kg，氧化钾 10kg，三素比例 1∶0.5∶0.7。施肥方法以底肥为主，磷、钾肥 1 次底施，氮素按底肥 50%、苗肥 30%、薹肥 20% 的比例施用，薹肥在薹高 3~5cm 时施下。甘蓝型油菜对硼敏感，而甘蓝型双低油菜对硼更为敏感，当土壤水溶性硼低于 0.5mg/kg，即出现不同程度的缺硼症状，造成"花而不实"，严重减产，为保证双低优质油菜高产，每亩地施 1~1.5kg 硼砂。在抽薹期，当薹高 3cm 左右时，每亩喷施 0.2% 的硼砂溶液 50kg。如果在油菜开花期喷硼就不能防止"花而不实"，这是因为硼元素主要影响性器官、花器官的发育。生产实践表明，优质油菜品种一般以 8 000~12 000 株较为理想，最好不少于 8 000 株，也不宜多于 15 000 株，直播的油菜则可适当增加密度。

四、防治病虫为害

油菜的病虫主要有菌核病、病毒病、霜霉病、白粉病、菜青虫和蚜虫。防治菌病应坚持"预防为主，综合防治"的原则，轮作换茬，开好"三沟"，在降低田间湿度的基础上应用药剂防治，以初花期、盛花期喷洒 40% 菌核净 1 000~1 500 倍药液或 3% 菌核净粉剂，能起到较好的防治效果。

除此以外，还要特别注意采用提高双低油菜的耐旱性、耐湿性等农艺措施，遇旱及时浇灌，遇渍水要及时排出，及时摘除病叶、病株。在虫害防治上，完善虫害预测、预报体系。当蚜株率达10%左右时，亩用2.5%敌杀死20mL兑水50~60kg喷雾，防治蚜虫。对于草害，中耕除草结合化学除草，在栽前用乙草胺或栽后用盖草能进行防治。

第八节 地膜冬油菜栽培

一、地膜冬油菜栽培技术增产原理

1. 提高地温减轻冻害

研究证明，利用地膜覆盖技术可在春季低温期受阳光照射后，有效将地表10cm以内的地温提高1~8℃，之后借助种植技术使油菜能够在寒冷天气依旧进行生长发育，死亡棵数减少。其中，地膜冬油菜培育技术增温特征为：生育期温度增加快；膜内温差小；土表温度较高，但会随深度变化而逐步下降。

2. 集水保墒

对于冬油菜而言，冬季保墒依然是需要重视的问题。应用地膜覆盖技术后，其能够减少水分流失，并使蒸发后的水蒸气聚集在膜层内部，使其冷却后重复滴到油菜和土壤中。地膜覆盖中挖掘的垄沟会将雨雪天气中的降水集中起来，供膜内土壤以及油菜吸收，满足其正常水分需求。

3. 将肥料中养分进行有效转化

采用地膜覆盖方式来栽培冬油菜后，加快了油菜生长，并且土壤中微生物衍生速度也得到了显著提升，土壤中的营养物质增多，可为冬油菜生长提供一个适宜的环境。此外，优越的水热条件还能促使油菜苗壮发育，同时保留了土壤的营养成分，有利于下次种植。

4. 促进油菜生长发育

使用地膜覆盖技术栽培的冬油菜较之传统的种植技术产量明显上升，并且成熟期也会相应缩短。将冬油菜的生长发育进行对比，可发现应用地膜覆盖技术的冬油菜越冬存活能力变强，并且植数与叶子面积都会有所增长，生长发育水平稳定上升。

二、栽培方式

1. 油菜膜上穴播栽培

选取合适的土壤，并对其进行起垄处理，然后覆盖上地膜，在地膜表面按一定的间隔进行打孔穴播，保持菜苗间距，适宜其生长。这种栽培方式的优点在于其能够有效提高地膜中水热条件，使膜内保墒性能达到最佳效果。但是操作起来会具有一定的困难性，人力物力消耗较大，仅适用于海拔较高的区域。

2. 油菜膜侧沟播栽培

起垄覆盖上地膜后，将其内部按起垄的中心点将膜内分为两个部分，在中间均分的位置开沟种植油菜，并对其密度提前进行合理计算。选用油菜膜侧沟播这种方法，操作简单的同时还可有效保持油菜苗和土壤的水分。但在干旱季节，保墒效果转差，还需要借助大型机器进行播种，所以适宜在中海拔地区应用。

3. 油菜膜内沟播栽培

膜内沟播栽培是在 10cm 深沟内播种，做好防虫，准备越冬时覆盖上地膜，然后按照 20cm 的间距钻孔。天气转暖后再慢慢揭膜。此种方式较为复杂，必须做好防虫工作，但转暖前的保墒保温功能较好，能抵挡冻害。适用于人多地少、作物生长期短、占地少的地区。

第九节　油菜轻简化高效栽培技术

油菜轻简化高效栽培技术是相对于育苗移栽技术而言的。这项技术工序简单，劳力投入较少，省时省力，不仅减轻了劳动强度，节省了劳动时间，还降低了生产成本，提高了油菜种植效益。

一、油菜全程机械化生产技术

油菜全程机械化生产技术是指油菜从播种到收获均采用机械操作，是一种减少人工劳作的轻简化技术。采用育苗移栽技术种植 1 亩油菜需要用工 8~9 个，每个工按照 100 元计价，用工投入达 800~900 元。油菜亩产 170kg，油菜籽按市场收购价 6 元/kg 计算，亩收入 1 020 元，减去用工和种子、化肥、农药等物化成本，收入为负数。而机械直播油菜实行浅耕、灭茬、施肥、播种、开沟、镇压一次完成，用种量及机械播种费用与育苗移栽耕地费用相差不大，但较育苗移栽可省工 6 个，可节本增效 600 元。这种模式节省劳力、功效快，1 台机械 1d 可以播种 25 亩左右，是未来油菜生产的发展方向。其关键技术要点如下。

（一）田块选择

宜选择地势平坦、土壤肥沃、水源丰富的田块作为机播田。

（二）机型选择

建议使用川龙"2BYJ-4"型油菜浅耕精播施肥联合播种机，该机械采用中心传动强推式精密排种器，可一次完成浅旋、灭茬、开沟、施肥、播种、镇压等作业，作业可靠、播种精确、转动灵活、装配调节方便、剩余种子清理快速彻底，播种量、施肥量可根据需要进行调节。

（三）品种选择

因直播油菜播种期推迟，宜选用生育期适中、高产、矮秆、抗病、抗倒、抗裂角、株型紧凑、优质丰产品种，建议选用沣油 737、陕油 28、秦优 28、中双 11、中油杂 19 等品种。

（四）播期、播量

高产田播期 9 月 20 至 10 月 20 日，适播期 9 月 20 日至 10 月 10 日。若在 9 月 20 日至 10 月 5 日播种，每亩播种量 250 ~ 300g；如若在 10 月 5 日后播种，每亩播种量增加到 300 ~ 350g。

（五）化学除草

播种后 24h 内，每亩用 50% 乙草胺 80 ~ 100mL 兑水 30kg 喷雾，进行芽前封闭除草；或待油菜苗长至 4 ~ 5 片叶时，每亩用精喹·草除灵 100mL 兑水 30kg 喷雾除草。

（六）施肥

油菜机械直播以浅耕为主，有效养分集中在表层，虽然前期供肥能力较强，但后期容易出现脱肥早衰，因此要做到底肥与追肥并重。其中追肥要重点施腊肥和蕾薹肥，推广初花期亩喷施磷酸二氢钾 300g 兑水 40 ~ 50kg。2020 年以来，引进示范宜施壮油菜专用肥，每次施入 50kg/亩，以后不再追肥，不仅肥效好，而且省时省力。

（七）病虫防治

冬前重点防治小菜蛾、蚜虫等，可亩用 50% 速克灵 50g 或 20% 吡虫啉 20g，兑水 40kg 喷雾防治；初花期和盛花期重点防治菌核病，可喷施 70% 甲基硫菌灵可湿性粉剂 1 000 倍液或 50% 多菌灵可湿粉剂 500 倍液，全田喷施 2 次。

(八) 机械收获

当油菜主序角果为枇杷色、近基枝角果褪色、上中部角果为黄绿色时及时收获。收获时先人工割倒或用割晒机割倒晾晒2~3d，然后利用自动捡拾脱粒机收获脱粒；也可用自动联合收割机一次性收获。菜籽收获后，及时除净杂质，晾晒归仓。

二、油菜半机械化生产技术

该项技术指在油菜播种、收获过程中既有机械操作也有手工操作。如当田间湿度较大时，可用机械旋耕并提前开好"三沟"排湿，然后人工完成播种环节，为避免和下茬作物争时，在油菜80%成熟时采用机械或者人工割倒，在田间后熟，3~5d后采用机械或者人工进行脱粒。

三、油菜人工直播生产技术

该项技术是指坡地或者播种时间已到但田间湿度非常大，无法进行机械化操作而采用纯人工或者无人机或者喷雾器喷播。

四、油菜免耕直播生产技术

该项技术是指在前茬作物已经收获的田块，不需要进行土地旋耕整地，开好田间"四沟"后，直接将种子撒播在地面，或者采用人工条播或点播的方法，待油菜出苗后结合除草、施肥进行中耕培土，这种模式简便易行，节省时间。

五、套播

在水稻收获前1周左右套播油菜，可减少水稻收获后的翻耕整地工序，节约时间1周以上，有效解决了稻油轮作时茬口的矛盾；可有效利用稻田土壤墒情，促进油菜种子萌发；除油菜播种时间有一定限制外，对其他田间操作时间可灵活安排；大型收割机在收获稻谷的同时，利用秸秆粉碎还田、无人机飞播、机械开沟等装备，可大幅提高油菜生产的机械化程度，降低人工劳动强度和人力成本，提高农户种植积极性；在机械收割水稻时留高桩原位粉碎还田解决了整地种植油菜时的秸秆处理问题，同时能充分发挥稻草覆盖还田的保墒、抑制杂草和提高土壤有机质功能，有利于油菜高效绿色生产。

第十节　油菜保护地栽培技术

一、拱棚栽培

（一）覆盖草苫的拱棚栽培

覆盖防寒草苫的中小拱棚，保温性能优于拱圆大棚。在自然平均气温低至 0~8℃ 地区，冬季可利用覆盖草苫的拱棚栽培油菜。

冬季栽培为缩短植株在棚内的生长期，应提前用温室或保温性能较好的拱棚育苗。

定植前清除地面残株和杂草，普施腐熟有机肥，耕耙 1~2 次。耕深 10~15cm，耕耙后作平畦。畦大小依棚址面积而定，在两畦之间留有水渠兼作业通路，作畦后每畦再施腐熟细粪，并与土壤混匀耙平，准备定植。

油菜苗龄 3~4 片真叶，高 12~15cm 时定植。起苗前与苗畦浇水适量便于起苗。起苗时采用拔苗定植，作业效率高，但伤根多，定植后缓苗慢。定植株行距为 13cm×18cm。

定植后随着植株的生长，追肥 2~3 次，追后浇水。油菜株体小，生育期较其他蔬菜短，蒸腾量和蒸腾系数小，并在薄膜覆盖下栽培，土壤水分蒸发较慢。但根系分布入土浅，易受干旱及土壤保水力的影响。浇水应分期进行，每次少量浇水为宜，壮叶期结合追肥浇水 2~3 次。

拱棚覆盖草苫栽培，前期的保温指标为日平均温度 15~20℃，壮叶中期 10~20℃，收获前略低于中期。由于保温指标和外界温度相差较大，须加强防寒设备和保温管理。小拱棚覆盖草苫冬季栽培，一般不通风，如中午棚温高达 30℃ 以上和湿度较高时，可在棚体南侧短时通风。

（二）单层膜拱棚栽培

春季单层膜拱棚栽培，是幼苗期和壮叶前期植株生长在拱棚内，壮叶后期揭薄膜在露地生长和收获，较风障阳畦栽培的产品能提早 10~20d 上市。

以直播为主，育苗较少。直播播种期当地月平均气温不低于 3℃，一般在 12 月上旬至 3 月上旬。育苗可用温床、阳畦等，苗期 20~25d，应加强保温。

播种或定植前半个月，土壤即将解冻时整地、施肥和作畦。设棚前整平畦面，插绑拱架和盖薄膜，使畦土早日增温。棚向以东西延长。在季风较强地区，于风向侧方加设防风障，有助于提高拱棚的保温效果。

单层膜拱棚覆盖栽培，定植或播种初期，外界温度和棚内夜温尚低，可在棚内畦面短期覆盖薄膜，以延缓夜冷时土温外散和保持土壤湿度。棚内地面覆盖，能使棚内温度提高 4~5℃。小拱棚白天密闭时，棚内温度经常达到 25℃ 以上，超过 30℃ 时应揭膜通风。初期通风卷起拱棚两端薄膜，夜晚密闭。后期自然气温已高，早晨从拱棚南侧和两端揭薄膜底边通风，直到全部解除。

春小棚栽培，由于前期苗小，薄膜覆盖保湿性强及土温低，到中后期棚内土温与气温已升高，后期揭除薄膜植株在露地生长，土壤水分蒸发快。因此，中后期浇水量应多于前期，全生育期浇水 3~4 次。油菜生长期短，除基肥外，根据植株生长需要，中后期结合浇水追施适量氮素化肥。

油菜单层膜覆盖拱棚秋延迟栽培，栽植时可选择生长迅速、耐寒性强的品种，于 10 月上中旬进行直播。一般于整好地施足底肥后，采用条播的方式，行距为 25cm。在播种前要浇足出苗水。当幼苗长出一片真叶后，进行第一次间苗，苗距 2~3cm。当长出 3~4 片真叶后，进行第二次间苗，苗距 4~5cm。长至 6 片叶时定植，株距 15~20cm。定植后追施一次发棵肥，每 1 000m² 可施用 22.5~30kg 的硫酸铵。每次浇水之后要及时中耕，有利于提高地温，促进根系发育。当植株长到一定大小时，可根据市场需求适时采收。

二、塑料大棚春季早熟栽培

此茬油菜多作为大棚春黄瓜的前作，或是小拱棚和不加温温室进行早熟栽培。

在此生长季节要选择生长迅速、耐寒性强、抽薹晚、丰产的品种，如四月慢、五月慢。多采用阳畦或温室育苗、移栽定植的方法。适于定植的幼苗应具有 5~6 片真叶。利用阳畦进行早熟栽培时，定植期在 2 月上中旬，播种期应为 12 月中旬，需 50~60d 的苗龄。利用单层塑料薄膜小拱圆棚栽培，定植期为 3 月上旬，育苗播种期为 1 月中旬。塑料大棚于 2 月下旬定植，1 月上旬播种。

育苗阳畦应提前一个星期进行烤畦，选晴天上午播种，播种前要灌足底水。播种后覆上约 1cm 厚的细土，封好薄膜，夜间加盖草苫，使畦温保持在 20~25℃ 的发芽最适温度，出苗前不放风。出苗后可适当放风，使畦温白天为 20℃，夜间为 10℃ 左右。但应注意放风不要过大，放风量要逐步达到最适，以防闪苗。长出第一片真叶后按株距 2cm 进行第一次间苗，长至 3 片叶时进行第二次间苗，株距 4cm。在定植前 7d，适当加大白天的通风量，进行移栽前的炼苗，但温度不可降得过低，以防先期抽薹。

适时移栽，合理密植，提早收获，可显著提高经济效益。定植前要在畦内施足充分腐熟的有机肥，如腐熟不充分，则会产生气害。用阳畦或塑料薄膜小拱圆棚栽培，栽后要盖严薄膜并压好。缓苗期间一般不通风，缓苗后再适当通风。

定植时按行距 20cm、株距 15cm 开沟，覆土要盖住土坨，浇水后做好保温工作。缓苗长出新叶后，可以追施一次速效氮肥，每 1 000m² 施用 25~30kg 硫酸铵。定植后 40~50d 就可收获上市。

三、日光温室栽培

（一）日光温室早春、秋延迟栽培

油菜生长迅速，生育期短，播后 40~60d 即可采收，加之耐寒（-5℃），管理简单，产量高，是日光温室主栽作物前后茬、间作、套种和闲隙地插空生产的主要速生叶菜之一。

油菜可以直播，也可以育苗移栽。应根据具体需要，以不影响上市和上下茬作物种植的有机衔接为准。

种油菜的地块，按要求施足优质农家肥作基肥，进行翻地，整平耙细。按与温室坐落的垂直方向作 1m 宽畦，畦埂宽 20cm，踩实，然后浇水造墒。待可操作时，开沟播种，顺畦方向每畦播 5 行，横向播种可按 18~20cm 行距开沟，沟深 1~2cm，播种后覆土。播后注意保温，白天 25℃ 左右，夜间 10℃。出苗后白天 20~25℃，夜间 5~10℃。真叶展开后分次间苗，达到苗距 8~10cm，缺苗断垄可进行带土坨补栽。生长期间灌 2~4 次水，根据油菜长势结合灌水，进行顺水追肥，每亩可追硝酸铵 15kg，尿素 10kg，收获前 7d 内不得追肥和喷药。

用 20~30℃温水浸泡 2~3h，沥干水分后在 15~20℃环境下催芽，24h 可出齐苗。催芽时，温度不能太高，时间不能过长，以防长出弱苗。

播种床按每平方米施优质农家肥 10kg，磷酸二氢钾 50g。翻耕后搂平稍踩实灌底水，每平方米撒播种子（干种）15~20g，覆土 1cm 左右。一般每平方米油菜苗可移栽 45~50m²。

出苗前温度保持 20~25℃，出苗后白天保持 15~20℃，夜间 10℃。苗出齐后，选叶面无水滴时筛洒一层薄土，弥补苗床裂缝。当幼苗 1 叶（真叶）1 心时进行分期间苗，使苗距达到 3cm 左右。苗期不旱不浇水，旱时浇小水。播后 30d 后，苗 3~4 片叶时可定植，定植前 6~7d 进行炼苗。

定植地块亩施优质农家肥 5 000kg，磷酸二铵 20~30kg，翻耕搂平后，做成 1m 宽畦。按行距 18~20cm 在畦内开沟，按 10cm 的株距定植，每亩栽 35 000 株左右。定植后浇小水。

定植后的温度，白天 25℃左右，夜间 10℃，促进缓苗。

心叶开始生长后降温管理，白天 20℃左右，夜间 5~10℃。白天超过 25℃进行放风，温度降到 20℃即停止。定植后直到缓苗 10d 左右，开始追肥、浇水。若底肥足，墒情好，可推迟追肥、浇水，每亩追施硝酸铵 10~15kg，尿素 10kg。

定植后 35~40d 即可采收，根据市场情况和长势可以一次性收获，也可多次间拔收获，间拔收获时要拔大留小。

（二）日光温室冬季栽培

日光温室冬季栽培多是间作套种的速生叶菜，必须进行育苗移栽。最佳播种期为 11 月中下旬。先用 25℃水浸种 3~4h，再放到 20℃下催芽 24h 即可出芽。播种床每平方米施入 12kg 优质腐熟有机肥，再加入少量三元复合肥，翻耕耙平、踏实，浇水播种，每平方米可撒种子 15~20g，覆土 1cm 厚，上面再覆盖秸草保湿。撒播后温度保持在 20~25℃，出苗后降至 15~20℃，夜间 10℃。油菜虽较耐寒，温度也不能过低，以防过早抽薹。苗出齐后无露水时可撒一层过筛细土。要及时间苗，使苗距保持在 4cm 左右，播后 30~40d 幼苗长出 3~4 片叶时定植。

一般每亩施用 5 000kg 腐熟的粪肥，再加入磷酸二铵 30kg，然后深耕耙平。畦宽 1m，开 5 行小沟，按 10cm 的株距栽苗，每苗栽 3.5 万株。栽植深度以埋到第一片真叶叶柄基部为宜，栽完一畦后随即浇水，水量不可太大。

缓苗后浇缓苗水，并可适当通风，白天畦温保持在 20℃左右，夜间 6~10℃。晴天中耕 1~2 次。植株开始长新叶后每亩撒施硫酸铵 15~20kg 或硝酸铵 10~15kg，随即浇水。底肥不足时可提前追肥，随浇缓苗水一起进行。在冬季寒流比较频繁时，往往会出现较长时间的雨雪天气。当出现连续数日阴雪天气时，光线较弱，光合作用不能正常进行，要适当降低畦温，以尽量降低呼吸消耗，并特别注意揭盖草帘。在连阴天后的第一个晴天，若阳光过强，易使油菜萎蔫，此时应立即盖上部分草帘，在油菜恢复正常后再全部揭开草帘。

第五章　油菜防灾减灾技术

第一节　旱　灾

一、危害

秋旱易造成直播油菜播种期偏晚，出苗不齐；油菜移栽后出叶缓慢，绿叶面积小；油菜冬前达不到壮苗，抗灾能力差，从而造成冬春冻害，严重影响产量。春旱发生时（3—4月），大部分油菜处于盛花期，是油菜生长发育的关键时期。水分缺乏导致部分油菜分枝减少，下脚叶逐渐枯萎；油菜营养生长受阻，花期缩短，授粉受精不良，严重影响结角结籽；旱情严重时大量油菜花干枯死亡，产量受到极大影响。在干旱条件下，会影响植物营养元素的正常吸收，造成油菜缺素性叶片发红，生长缓慢；严重的可造成油菜植株的硼元素含量下降，加重油菜缺硼的发生程度和范围，导致油菜"花而不实"。由于干旱气候容易造成蚜虫和菜青虫等的暴发，会加重虫害和并发性病毒病。

二、预防及补救

（一）选择适宜栽培期与密度

易发生秋旱且没有灌溉条件的田块，优先选用育苗移栽模式，并根据天气预报选择适宜移栽期。如移栽期推迟，可在8 000~12 000株/亩的范围内逐渐增加移栽密度。如采用直播模式，可预先将田地整理完成并施入底肥，根据天气预报在雨前抢时播种。如播种期移栽期推迟，可在 0.25～0.35kg/亩的范围内逐渐增加播种量。

（二）灌溉抗旱

随时关注天气预报，灌溉抗旱。移栽或直播田块在秋旱发生时可沟灌抗旱，但切忌漫灌上厢，否则导致土壤板结，移栽油菜发根困难，直播油菜出苗率下降。冬、春旱发生后漫灌抗旱，但应及时排出田间积水，以防烂根。有劳力的农户可在灌溉后浅锄松土除草，以防止板结和保蓄水分。

（三）稻草还田

育苗移栽田块可在移栽后，于行间覆盖 400kg/亩左右的稻草；直播油菜田块在播种后可覆盖 400～600kg/亩的稻草，且播种量可增加至 0.3～0.4kg/亩。这可减少土壤水分蒸发、保持根层土壤的湿润、确保种植密度，降低秋、冬、春旱危害。

（四）查苗补缺

有死苗的田块如季节允许，应做好查苗补缺工作，保证田间种植密度。

（五）喷调节剂

旺长田块可喷施矮壮素等生长抑制剂，能抑制地上部生长、促进根系生长发育、增强抗旱能力。干旱发生后叶面喷施 1 000～1 200 倍液的黄腐酸也可减轻灾害损失。

第二节　冷害和冻害

一、危害

（一）油菜冻害类型及症状

油菜冻害有 3 种类型：一是拔根掀苗，土壤在不断冻融的情况下，土层抬起，根系扯断外露，使植株吸水、吸肥能力下降，而且暴露在外面的根系也易发生冻害。免耕撒播油菜更易发生。二是叶部受冻，受冻叶片呈烫伤水渍状，当温度回升后，叶片发黄，最后发白枯死，重者造成地上部分干枯或整株死亡。三是薹花受冻，蕾薹受冻呈黄红色，皮层破裂，部分蕾薹破裂、折断，花器发育迟缓或呈畸形，影响授粉和结实，减产严重。

（二）油菜冷害类型及症状

油菜冷害有 3 种类型：一是延迟型，导致油菜生育期显著延迟。二是障碍型，导致油菜薹花受害，影响授粉和结实。三是混合型，由上述两类冷害相结合而成。其症状表现主要有：叶片上出现大小不一的枯死斑，叶色变浅、变黄及叶片萎蔫等。

（三）倒春寒危害症状

油菜抽薹后，其抗冻能力明显下降。当发生倒春寒温度陡降到 10℃ 以下，油菜开花明显减少；5℃ 以下则一般不开花，正在开花的花朵大量脱落，幼蕾也变黄脱落，花序上出现分段结荚现象。除此之外，遭遇倒春寒时叶片及薹茎也可能产生冻害症状。

二、预防及补救

（一）抗灾避灾技术措施

为确保油菜高产稳产，应在油菜生产的各有关环节采取相应预防措施，从而可以将冷冻害的危害降到最低。

1. 选择适当品种

选择农业农村部门主推的在当地能够安全越冬抽薹的抗寒油菜品种，不要使用未经审定的油菜品种。

2. 适时播种（移栽）

适时播种或移栽，防止小苗、弱苗以及早花早薹。冬油菜播种期一般在 9 月中旬至 10 月中旬，过早和过晚都会降低油菜抗寒能力。

3. 培育壮苗

加强对油菜苗期管理，防止或减轻冻害发生，具体措施有：提高整地质量，及时高质量移植，合理施用氮、磷、钾肥，及时排出积水，保持生长稳健。对生长过旺的田块可喷施多效唑适度抑制。

4. 旱地推广朝阳沟移栽法

以南北向作畦，东西向开沟，在种植沟内北坡向阳的一面移栽油菜，这样做保湿保墒，背风向阳，可以使油菜早发，易形成冬壮冬发苗势。不仅可以提高植物自身的抗寒防冻能力，而且能够避免冷风的直接袭击。越冬前后结合中耕培土壅根，更具有明显的防冻效果。

5. 中耕培土，清沟沥水

中耕培土，可疏松土壤，增厚根系土层，对阻挡寒风侵袭，提高吸热保温抗寒能力有一定作用。另外，长江中下游春季低温阴雨发生比较频繁，因此，开好"三沟"，及时清沟沥水，降低田间湿度，促进根系的健壮生长，能提高油菜的素质，有利于减轻倒春寒对油菜的影响。

6. 增施磷钾肥及腊肥

一般每亩配合氮肥施用 10～15kg 磷肥、5～8kg 钾肥后，油菜植株抗寒效果好。每亩施猪牛粪 1 000～1 250kg 作腊肥，不仅能提高地温，促进根系生长，且可为春发提供养分。

7. 适时灌水防寒

冻害的程度，与土壤含水量密切相关。干冻条件下，冻害会显著加重。因此，在寒流来临之前，如果土壤含水率较低，可按田间不积水这一标准在冻害形成前灌水，或者结合浇施稀粪水，这样可以有效防止严重冻害。在黄淮平原冬季寒冷地区，适时灌水不仅可以沉实土壤，防止漏风冻根，而且可以增加土壤热容量，从而达到防寒抗冻的目的。

8. 覆盖防寒

寒潮来临前或入冬后，可用稻草、谷壳或其他作物秸秆铺盖在菜苗行间保暖，减轻寒风直接侵袭；也可在寒潮前将稻草等轻轻盖在苗上，以减轻叶部受冻，寒潮过后，随即揭除，促进油菜恢复正常生长。

9. 适时喷施植物生长调节剂

在 3 叶期喷施多效唑水溶液，可以防治高脚苗，增强越冬抗寒能力。对因播栽早、长势旺、有徒长趋势的油菜地块，在 12 月 20 日前后喷施多效唑溶液，可以使植株敦实，叶色变绿，预防或减轻冻害。喷施方法：每亩用 15% 的多效唑可湿性粉剂 50~60g 兑水 60kg 均匀喷施叶片，注意不漏喷、不重喷。

10. 摘除早薹早花

发现早花应及时摘薹，抑制发育进程，避开低温冻害。

（二）减灾技术措施

在油菜冷害或冻害发生后，可根据灾害发生情况选择以下措施补救，降低灾害损失。

1. 摘除冻薹和部分冻死叶片

摘除部分冻死叶片的工作应在冻害后的晴天及时进行。已经抽薹的田块在解冻后，可在晴天下午采取摘薹的措施，以促进基部分枝生长。摘薹切忌在雨天进行，以免造成伤口溃烂。摘薹时，用刀从枝干死、活分界线以下 2cm 处斜割受冻菜薹，并药肥混喷 1~2 次，每亩用硼肥 50g，磷酸二氢钾 100g，多菌灵 150g 兑水 50kg，均匀喷雾，可起到补肥、预防油菜菌核病的作用。

2. 追施速效肥

摘薹后的田块，可根据情况每亩追施 5~7kg 尿素，以促进基部分枝发展。对叶片受冻的油菜，也应适当追施 3~5kg 尿素，促使其尽快恢复生长。

3. 彻底开挖"三沟"

要做好田间清沟、排出雪水、降低田间湿度的工作，以利后期生长。

4. 培土壅根

利用清沟的土壤培土壅根，减轻冻害对根系的伤害。尤其是拔根掀苗比较严重的田块，应该做好培土壅根的工作。

5. 及时防治病害

油菜受冻后，较正常油菜容易感病，因此应及时喷施多菌灵、甲基硫菌灵和代森锰锌等药剂进行病害防治。

6. 及时改种

如果油菜已经或大部分死亡，有条件的地方可改种春季马铃薯或速生蔬菜，尽量挽回损失。

第三节　渍　害

渍害也叫湿害，是由于长期阴雨或地势低洼、排水不畅、土壤水分长期处于饱和状态，使作物根系通气不良，致使缺氧引起作物器官功能衰退和植株生长发育不正常而导致减产的农业气象灾害。

一、危害

（一）苗期渍害

苗期渍害可造成油菜根系发育不良甚至腐烂，外层叶片变红，内叶生长停滞，叶色灰暗，心叶不能展开，幼苗生长缓慢（僵苗）甚至死苗，油菜株高、茎粗、根粗、绿叶数均明显降低，同时使病害、草害和越冬期冻害等次生灾害发生的可能性显著增加，对后期产量造成严重影响。

（二）花角期渍害

春季的低温连阴雨和渍涝是油菜生长中后期的灾害，特别是水稻茬油菜最为严重。开春后雨水明显增多，油菜进入旺盛生长期，如遇田间积水，土壤通透性差，闭气严重，油菜茎秆及叶片发黄、烂根死苗。春季多雨往往伴随着低温寡照，直接影响油菜开花、授粉、结实，造成花角脱落、阴角增多严重的春涝可导致植株早衰，有效分枝数、单株角果数和粒数大幅下降。另外，长期阴雨、高湿环境也容易引起后期霜霉病、菌核病、黑斑病等病害的发生。

二、预防及补救

（一）选用抗渍耐渍品种

在水旱轮作区、地势低洼地区宜选用耐渍品种，耐渍品种具有较高的相对发芽率，较高的相对苗长、根长、苗重和活力指数，较高的抵御缺氧胁迫能力。

（二）合理开沟，降低地下水位

前茬收获后及时耕翻耙平土地，之后开沟作畦，并结合整地施足基肥。畦宽以 2~3m 为宜，畦沟宽 20~25cm，沟深 15~30cm。地块较大时要开好中沟，必开围沟，做到"三沟"配套，雨止田干。开好朝阳沟以备播（栽）。近年来，免（少）耕栽培在一些地区逐渐普及，但免（少）耕只是相对于传统的精耕细作而言，在长江中下游地区种植油菜，建立"三沟"配套的优良传统不能丢。为了节省劳动力，可以使用替代人工开挖"三沟"。

（三）适期播栽，加强田间管理

晴天播栽油菜，切忌阴雨天抢播抢栽。及早间苗、定苗，使田间通风透光，补施苗肥。湿害发生后，容易造成土壤板结，不利于油菜根系发育，应及时中耕除草、疏松表土、提高地温，改善土壤理化性质，可促进根系发育，还可减轻病虫害发生和感染，并结合培土壅根，防止油菜倒伏，注意在中耕过程中应精细操作，不要伤苗、伤叶。田间渍水会导致土壤养分流失，同时油菜根系发育不好，甚至烂根，植株的营养吸收能力下降。通过清沟排渍，降低地下水位之后，再根据苗期长势，每亩追施 5~7kg 尿素，以促进冬前生长。在追施氮肥的基础上，要适量补施磷、钾肥，增加植株抗性，每亩施氯化钾 3~4kg 或者根外喷施磷酸二氢钾 1~2kg。另外，在现蕾后每亩增施 1 次硼肥，通常叶面喷施 0.1%~0.2%硼肥溶液 50kg 左右，以防油菜"花而不实"。油菜返青后或在冬、春季进行内、外"三沟"整修和清理工作，确保沟沟相通，旱能灌涝能排。越冬初期对旺长田块每亩用多效唑 30g 左右兑水 40kg 喷雾，并结合施用腊肥进行培土壅根防冻。

（四）防治次生灾害

阴雨结束后，在低温高湿情况下易发霜霉病，如果高温高湿则易发菌核病，上游地区根肿病还可能加重。可选择晴天喷施多菌灵、甲基硫菌灵、代森锰锌等农药进行防治，对有菜青虫为害的田块，可用菊酯类杀虫剂防治。

第四节　干热风

干热风又叫"火风""热风""干旱风"等，是指高温、低湿并伴随一定风力的大气干旱现象。干热风严重影响油菜的产量和质量。因此，针对干热风的为害程度，采取相应的防御补救措施，对稳定油菜产量具有重要意义。

一、危害

干热风出现时，往往气温高，湿度小，风速快，叶片因水分蒸腾而大量失水，导致植株体内水分平衡失调，轻者叶片凋萎，重者整株干枯死亡。受干热风为害的油菜叶片卷缩凋萎，由绿变黄或灰内，茎秆变黄，角果壳呈白色或灰白色，籽粒干秕，千粒重下降，产量锐减，含油量下降。干热风对油菜的为害可分为干害、热害和湿害等。

（一）干害

在高温低湿条件下，油菜植株蒸腾量加大，田间耗水量增多，土壤缺水，植株体内水分失调，叶片黄化、萎蔫或植株死亡等干旱症状。

（二）热害

热害主要是由于高温破坏油菜的光合机构，导致植株光合作用不能正常进行，影响光合产物的生产与输送，导致千粒重下降。在油菜籽粒发育形成期，当气温达到28℃左右时，角果壳光合作用受阻，当日均温持续在24~25℃时，则籽粒灌浆过程中止，形成热害。

（三）湿害

湿害多在雨水较多或地下水位较高的地方发生，主要是因雨后高温或雨后晴天高温，植株脱水严重，导致油菜青干或高温逼熟。

二、预防及补救

（一）预防措施

造林、种草、营造防护林和防风固沙林带，可增加农田相对湿度，降低田间温度，改善农田小气候，削弱干热风强度，减轻或防御干热风的为害。在土壤肥力瘠薄、灌溉条件差的地区防风林的作用更加显著；改善生产条件，治水改土，完善田间灌排设施，是防御干热风、稳定提高油菜产量的有效途径；选用耐旱、抗高温的双低中、早熟油菜品种，适时早播，避开干热风为害的时期；在干热风常发地区，根据干热风出现的规律和旱涝趋势预报，改变油菜布局和栽培方式，使油菜籽粒发育成熟期避开较强的干热风，减轻或避免干热风为害；苗期喷施 100~200mg/kg 的多效唑，可使油菜植株增强抗干热风能力，减轻干热风的为害。

（二）补救措施

针对干热风对作物的为害，对干热风的类型、强度、开始和持续时间、出现范围等进行预测预报，便于更好地防御；根据天气预报，在干热风发生前 1~2d 浇水，可改善农田生态环境，减轻干热风危害；在油菜初花至结角期，每亩用磷酸二氢钾 100g、尿素 150~200g 兑水 50kg 叶面喷施，可以增强植株抗性，减轻干热风危害。

第五节　高　温

一、预防措施

如遇冬季气温高、干旱等原因，油菜生长往往出现早薹、早花现象。适当摘薹可延迟花期，对油菜有促进分枝、增加结果、提高产量的作用。可根据田间长势情况，对长势较好的早薹早花株进行摘薹。摘薹一般宜选择晴天进行，摘薹 10 ~ 15cm，应保留足够的分支，防止摘薹过深导致分枝过少影响产量。

二、补救措施

摘薹后，应及时追施尿素每亩 5 ~ 10kg。

第六章 油菜主要病虫草害绿色防控技术

第一节 油菜病害

一、菌核病

油菜菌核病是我国油菜种植的重要病害，油菜产区均有发生。长江中下游和东南沿海等地的冬油菜产区是油菜菌核病的重病地区。此病一般年份发病率为 10%～30%，流行年份达80%，可导致减产 10%～70%，含油量下降 1%～5%。

（一）症状

此病在油菜各生育期均可发病。发病幼苗茎基部和叶柄形成红褐色斑点，后转为白色，组织湿腐，上面长出白色絮状菌丝，病斑绕茎一周后，幼苗死亡，病部可形成许多黑色菌核。成株期叶片多从下边老叶开始发病，最初叶片上产生暗青色水渍状斑点，后变成圆形或不规则形病斑，病斑中央灰褐色或黄褐色，边缘淡黄色。有时病斑有轮纹，干燥时病斑易破裂穿孔。潮湿时病斑迅速扩大，可使全叶腐烂，腐烂部长出白色絮状菌丝。茎秆及分枝发病初期先产生水渍状黄褐色病斑，病斑扩大后呈长椭圆形或长条形，病斑稍凹陷，中部白色，病、健组织分界明显。湿度大时，病部表面产生白色絮状霉层。病茎秆和分枝可成段变白。病茎皮层腐烂，纤维外露。剥开病茎，茎内有许多鼠粪状菌核。病株常早熟枯死。花瓣感染后产生水渍状无光泽的病斑，病斑以后呈苍白色，易脱落，潮湿时病花瓣迅速腐烂。角果病斑水渍状，后变白，湿度高时病角果呈湿腐状，上面产生白色菌丝，以后角果内外均可形成菜籽大小的菌核。种子发病表面粗糙，籽粒多为瘪粒，少数籽粒外面还布满白色菌丝体。

（二）防治方法

1. 轮作

实行油菜与水稻轮作可显著减轻病害。在旱地，可实行油菜与小麦、大麦等禾本科作物轮作 2 年，以减少田间菌源。

2. 选留无病种子及种子处理

选留无病植株主轴种子，保证种子不带菌核。一般生产用种子经风选后，过筛去掉菌核，再用 10% 盐水选种，淘汰浮于水面的病种子和菌核，然后用清水洗净，晾干播种。也可用 50℃温水浸种 10~20min，晾干播种。

3. 合理施肥

重施基肥和苗肥，早施或控施蕾薹肥，避免偏施氮肥。要配合施用磷、钾肥及硼、锰等微肥，使油菜苗期健壮，花期茎秆坚硬，不易倒伏。不施混有菌核的病残体沤制的而又未充分腐熟的肥料，防止传播病害。

4. 窄畦深沟

窄畦和挖深沟有利于排出田间积水，降低小气候湿度，减轻病害发生。

5. 中耕松土

对连作地和上一年种油菜本年种其他作物的旱地中耕松土 1~2 次，可铲除和掩埋大量菌核萌发的子囊盘。

6. 摘除老叶、黄叶

盛花期至终花期，叶片普遍发病时，对中下部老叶、黄叶进行 1~3 次摘除，并将摘除的老叶、黄叶清除田外。

7. 药剂防治

药剂防治应在油菜初花期和盛花期各施药 1 次（如有田间预报资料更好）。可选用下列药剂：①40%菌核净可湿性粉剂 800~1 000 倍液。②50%甲基硫菌灵可湿性粉剂 500 倍液。③50%多菌灵可湿性粉剂 500 倍液或 80%多菌灵超微粉剂 1 000 倍液。④50%乙烯菌核利可湿性粉剂 1 000 倍液。以上药剂一般每 7~10d 喷 1 次，可喷 2~3 次。

8. 生物防治

利用半知菌亚门真菌盾壳霉和木霉防治菌核病已有较多试验，其培养物防效可达 40%以上。

二、病毒病

油菜病毒病又称花叶病、毒素病。在我国油菜产区均有发生。一般冬油菜产区比春油菜产区发病重。冬油菜产区重病年份可减产 20%~30%。

（一）症状

不同类型油菜发病症状分别是：甘蓝型油菜是在叶片上出现黄斑、枯斑。黄斑型油菜是在苗期叶片上产生淡黄色或橙黄色近圆形的斑点，病斑较大，病、健部分界明显，病斑中央有褐色枯斑；抽薹期新生叶先产生系统性褪绿小斑点，看上去似"花叶"状，以后斑点呈黄色或黄绿色，斑点背面中央出现很小的褐斑。枯斑型油菜是在苗期叶片上病斑较小，淡褐色，略凹陷，中心有一黑点，有的叶脉、叶柄也产生褐色枯死条纹；病株茎上产生黑褐色、长短不一的条斑，条斑可上下发展成长条形枯斑，后期病斑可纵裂，条斑如连成片可使油菜半边或全株枯死。白菜型油菜苗期发病时，最初叶片上出现"明脉"，以后叶脉间逐渐褪绿呈"花叶"症状，严重时叶片皱缩，重病株常在越冬期死亡。

(二) 防治方法

1. 选用丰产抗病品种

甘蓝型油菜较芥菜型、白菜型油菜抗病性较强，且产量高，在重病区应尽量推广甘蓝型油菜。由于品种抗病性差异也很明显，可选用抗病性强、适宜本地栽培的品种。

2. 调整播种期

在不影响产量的情况下，适当推迟播种期，可适当避开秋季迁飞进入油菜田的蚜虫的高峰期，减轻病害发生。

在长江流域和东南沿海，甘蓝型油菜以9月下旬以后播种为宜，白菜型油菜则宜在10月播种。

3. 防治蚜虫

蚜虫是传播病毒的重要昆虫，而且为害油菜。所以应及时喷药杀死蚜虫。但带毒蚜虫进入油菜田，立即可以传毒，这时，即使杀死了蚜虫，病毒已侵入油菜体内，所以应尽量预防和减少蚜虫进入油菜田，尽早喷药杀灭油菜田周边杂草和毒源植物上的蚜虫。在苗床和油菜田苗期，可用银灰色或乳白色农膜，放置在苗床和菜田，驱避蚜虫。

发现蚜虫要及时喷药，一般5~7d喷1次，可连续喷药多次。治蚜可选用下列药剂：①50%灭蚜净4 000倍液。②2.5%敌杀死乳油2 500倍液。③10%吡虫啉可湿性粉剂1 000~2 000倍液。

4. 喷施抗病毒剂

发病初期选择喷施下列药剂：①0.5%抗毒丰菇类蛋白多

糖水剂 300 倍液。②1.5%植病灵乳剂 1 000 倍液。③10%病毒王可湿性粉剂 500 倍液。④0.5%抗毒剂水剂 300 倍液。每隔7~10d 喷 1 次，连喷 2~3 次。

5. 加强油菜苗期管理

早施苗肥，不偏施氮肥，及时浇水，注意及时拔除病苗、弱苗，使幼苗生长健壮，提高抗病力。

三、霜霉病

油菜霜霉病在我国各油菜产区均有发生，以长江流域及沿海冬油菜产区和西北春油菜产区发病较重。

（一）症状

油菜整个生育期都可发病。病菌可为害油菜的叶、茎、花和角果。叶片发病时一般由植株的底叶逐渐向上部叶片发展蔓延。叶片上最初出现淡黄色斑点，以后扩大成为黄褐色大斑，由于受叶脉限制，病斑常呈现多角形或不规则形，湿度大时病斑背面产生白色霜霉状物，严重发病时，叶片枯死。茎秆及分枝发病时，最初出现褪绿斑点，逐渐扩大为黄褐色斑点，湿度高时，病斑上长出白色霜霉状物。花序发病，病部褪绿，扩大为不规则形黄褐色斑，病斑上也产生霜霉状物。花梗发病，有时肥肿，花器变绿，花梗呈"龙头"状，上面布满白色霜霉状物。角果发病时也产生淡黄色斑点，病斑上有霜霉状物。

（二）防治方法

1. 轮作

与水稻或与大、小麦轮作 1~2 年。

2. 栽培抗病品种

尽量种植甘蓝型品种。白菜型油菜发病较重，选用时要慎重。

3. 选留无病种子及种子处理

收获前选留无病种子，播种前用 10%盐水选种，淘汰病种、瘪种，选出的种子用清水漂洗后晾干播种。也可用 35%瑞毒霉按种子重量的 1%拌种。

4. 加强栽培管理

施足基肥，增施钾肥，使幼苗生长健壮。注意清沟排渍，降低田间湿度。适当迟播。以上措施均可减轻病害。

5. 药剂防治

当初花期病株率达到 20%时开始喷药，每隔 7～10d 喷 1 次，共喷 2～3 次。喷药重点应是白菜型油菜，尤其是早熟品种。可以选用以下药剂：①40%霜疫灵可湿性粉剂 150～200 倍液。②75%百菌清可湿性粉剂 500 倍液。③64%杀毒矾 M8 可湿性粉剂 500 倍液。④58%甲霜灵锰锌可湿性粉剂 500 倍液。⑤25%甲霜灵可湿性粉剂 600 倍液。⑥80%乙膦铝可湿性粉剂 400～500 倍液。

四、白锈病

（一）症状

油菜白锈病在油菜整个生育期均可发病。发病叶片上初生淡绿色小点，逐渐转为黄色，黄斑背面长出稍凸起的白色疱斑。疱斑有光泽，严重时病叶长满疱斑。疱斑破裂后散出白粉，病叶往往枯黄脱落。花轴和幼茎发病肿大呈"龙头"状，表面有白色疱斑。病花瓣肥厚，呈叶状，绿色，不结实，病部有白色疱斑。病角果表面也长出白色疱斑。

（二）防治方法

1. 轮作

与水稻或大、小麦轮作 1～2 年，可减轻病害发生。

2. 选用抗病品种

各地可选择适合当地栽培的抗病品种。

3. 选留无病种子或种子处理

选无病株留种。一般种子播种前可用 10% 盐水选种，选出的种子用清水漂洗后晾干播种。

4. 栽培管理

合理施肥，施基肥时注意配施磷、钾肥，不偏施氮肥，重施苗肥、薹肥，防止油菜徒长。整窄畦，挖深沟，防止田间积水。摘除下部老、病叶和发病花轴、幼茎长出的"龙头"烧毁。

5. 药剂防治

在始花期叶面病斑较多时开始喷药。可以选用以下药剂：①58% 甲霜灵锰锌可湿性粉剂 500 倍液。②65% 甲霜灵可湿性粉剂 1 000 倍液。③50% 多霉灵可湿性粉剂 800~900 倍液。药剂防病时可结合霜霉病的防治选用药剂，防治次数和间隔天数与霜霉病相同。

五、黑腐病

（一）症状

油菜的叶、茎、根、角果和种子均可发病。叶片从叶缘开始发病，病斑黄色，逐渐向内发展呈三角形；叶脉初呈灰褐色，逐渐变成黑色网状叶脉。叶脉周围组织发展成为黄色大斑块，病斑多时，叶片枯死。茎秆及分枝、花轴发病初生暗绿色长条斑，逐渐转为黑褐色，病斑上常有大量黄色黏液状菌脓，花轴可萎缩死亡。角果发病产生略凹陷的黑褐色病斑，病斑多时角果枯死。病菌侵染种子时仅感染种皮，病斑黑褐色。病株的茎、根内部维管束变黑，横剖病茎或病根，有一圈黑环，无臭味，主茎停止生长后期病株部分枯萎或全株枯萎。

（二）防治方法

1. 轮作

与非十字花科作物轮作。并注意选留无病种子。

2. 种子处理

可用45%代森铵水剂300倍液浸种15~20min，水洗后晾干播种。或用751杀菌剂100倍液，量取15mL浸拌200g种子吸附阴干后播种，或用50℃温水浸种20min。

3. 加强栽培管理

油菜收获时，及时深翻，深埋病残体。油菜脱粒后留下的秸秆、碎叶，烧毁或集中高温堆肥。施用腐熟肥料。雨季注意清沟排水，降低田间湿度。

4. 药剂防治

可选用以下药剂：①72%农用链霉素可湿性粉剂3 500倍液。②氯霉素50~100mg/kg。③77%可杀得可湿性粉剂500倍液。④14%络氨铜水剂350倍液。

六、软腐病

油菜软腐病在我国各油菜产区均有发生。此病还可为害其他十字花科蔬菜及马铃薯、番茄、辣椒、莴苣、芹菜、大葱等。

（一）症状

油菜的根、茎、叶均可发病。最初在油菜茎近土表处开始发病，产生不规则形水渍状病斑，病斑凹陷，表皮稍皱缩，以后皮层龟裂，茎的内部组织软腐呈空洞。病菌可从茎部蔓延至根部及茎基部的叶柄、叶片，使病根、病叶软腐，腐烂部位有灰白色或污白色菌脓溢出，有恶臭。病株叶片萎蔫，重病株抽薹后死亡。

（二）防治方法

1. 轮作

水旱轮作或与大、小麦轮作。

2. 加强栽培管理

播种前深翻晒土，施用充分腐熟的有机肥。秋季高温的年份要适当推迟播种，冬季防冻。雨季清沟排渍，降低田间湿度。随时拔除病株。

3. 除虫防病

可针对田间害虫种类，喷施杀虫剂。

4. 药剂防治

可选用以下药剂：①50%代森铵 500 倍液。②2%氨基寡糖素水剂 200～350 倍液。③72%农用链霉素可溶性粉剂 3 000~4 000倍液。④20%噻森铜悬浮剂 300~400 倍液。

七、黑斑病

油菜黑斑病在我国各油菜产区均有发生，部分地区发病较重。

（一）症状

幼芽、叶、叶柄、茎和角果均可发病。幼芽发病时先在下胚轴产生褐斑，以后子叶出现直径 1～2mm 的小褐斑。叶片发病初生隆起小斑点，黑褐色，以后扩大为 2～6mm 的圆形病斑；病斑上常有同心轮纹，周围有时有黄白色晕圈；湿度大时，病斑上有黑色霉层，病斑多时叶片枯死。叶柄、茎、花序上的病斑椭圆形、长条形或梭形，褐色至黑褐色。侧枝和主茎上的病斑如绕侧枝或主茎一周，可使侧枝或全株死亡。角果病斑圆形，黑褐色。种子呈红色，收获前易裂果。

（二）防治方法

1. 轮作

与非十字花科作物实行 2 年以上的轮作。

2. 选种

选择当地适栽的抗病品种，从无病株采留无病种子。

3. 种子处理

药剂拌种或温汤浸种。药剂可选用 50% 福美双可湿性粉剂按种子重量的 0.4% 拌种，或用 50% 扑海因可湿性粉剂按种子重量的 0.2%～0.3% 拌种，或用咪唑霉（按 2.5g/kg 种子）拌种。温汤浸种可用 50℃ 温水浸种 20min。

4. 加强栽培管理

采用配方施肥，不偏施氮肥，增施钾肥。清沟排渍，降低田间湿度。

5. 药剂防治

可选用以下药剂：①75% 百菌清可湿性粉剂 600 倍液。②64% 杀毒矾可湿性粉剂 500 倍液。③10% 苯醚甲环唑水分散粒剂 1 000～1 500 倍液。④43% 戊唑醇悬浮剂 2 000～2 500 倍液。在发病初期施药，每隔 7～10d 1 次，防治 2～3 次。

八、根肿病

（一）症状

主要症状是根部肿大。主根和侧根都可产生肿瘤，以主根最多。肿瘤初期表面光滑，白色，以后逐渐变褐。表面粗糙，有裂纹。易被土壤杂菌感染而腐烂。因下部根腐朽，主根上部或茎基部可长出许多新根。发病初期病株生长迟缓、矮小，基部叶片中午有萎蔫现象，早、晚可恢复，后期基部叶片逐渐变黄死亡，发病严重时整株枯死。

（二）防治方法

1. 轮作

与非十字花科轮作 3 年以上。

2. 采用无病田育苗或苗床消毒

苗床消毒用 70%五氯硝基苯与 50%福美双各 4~5g 等量混合，每平方米施药 8~10g。

3. 撒施石灰调节土壤酸碱度

重病田每亩撒施石灰 75~100kg 或拔除病株后，在病穴中撒石灰。移苗时可用 15%石灰乳逐株浇灌。

4. 加强栽培管理

整地时挖深沟，作窄畦，防止田间积水，降低田间湿度。及时拔除病株烧毁。不用病残体沤肥，混有病残体的肥料应充分发酵腐熟。

5. 药剂防治

大田油菜移栽时可每亩用 70%五氯硝基苯或 50%甲基硫菌灵 1.5kg（可加细土拌匀）条施。

九、白斑病

油菜白斑病在我国冬、春油菜产区均有发生。此病还可为害其他十字花科蔬菜。

（一）症状

油菜各生育期均可发病。病叶上最初散生淡黄色或灰褐色的小斑，后扩大呈圆形、近圆形或不规则形斑点。病斑中央灰白色至黄白色，有时稍带红褐色。病斑周围黄色或黄绿色。病斑稍凹陷且变薄，易干枯破裂。潮湿时，病斑背面产生浅灰色的霉层。严重发病时，病斑互相连合，导致叶片枯死。

（二）防治方法

1. 轮作

与大、小麦实行 3 年以上轮作。

2. 加强栽培管理

油菜收获后深翻土地，深埋病残体，使其腐解，消灭病菌。增施基肥，适时早播。清沟排渍，降低田间湿度。

3. 无病株留种或种子处理

用 75%百菌清可湿性粉剂按种子重量的 0.4%拌种，或用50℃温汤浸种 20min。

4. 药剂防治

可选用以下药剂：①50%多菌灵可湿性粉剂 800 倍液。②50%苯菌灵可湿性粉剂 1 500 倍液。③70%代森锰锌可湿性粉剂 500 倍液。④50%混杀硫悬浮剂 600 倍液。⑤75%百菌清可湿性粉剂 600 倍液。

十、黑胫病

（一）症状

油菜各生育期均可发病。病部产生灰白色枯斑，枯斑上有许多分散的黑色小粒点。子叶、幼茎上的病斑初为淡褐色，形状不规则，以后发展成稍凹陷的灰白色病斑。幼茎上的病斑可向下发展至茎基部及根系，引起须根腐朽，根颈易折断。成株期叶片病斑圆形或不规则形，稍凹陷，灰白色，有小黑粒点。茎及根上的病斑初为长椭圆形、灰白色，病处组织逐渐腐朽，上面生小黑粒点，病株易折断死亡。角果上的病斑与茎上的病斑相似，开始多从角果尖端发病。种子发病变白皱缩，失去光泽。

（二）防治方法

1. 轮作

与非十字花科作物轮作 3 年以上。

2. 整地

深翻土地，掩埋病残体，使其腐烂。

3. 从无病株留种或种子处理

可用种子重量 0.2%的 50%苯来特可湿性粉剂拌种。或用 50℃温水温汤浸种 5min。

4. 加强栽培管理

移栽前剔除病苗，种植抗病品种。多雨季节注意清沟排渍，降低田间湿度。

5. 药剂防治

苗床消毒可用 50%福美双可湿性粉剂 200g 与 100kg 细土拌匀，撒施在苗床上；也可用 50%敌克松可湿性粉剂或 50%多菌灵可湿性粉剂按每平方米 8g 加 20 倍细土拌匀，施入苗床。大田可选择喷施 50%退菌特可湿性粉剂 800 倍液或 50%多菌灵可湿性粉剂 500 倍液或 65%代森锌可湿性粉剂 500 倍液。

十一、白粉病

油菜白粉病在我国油菜产地均有发生。病害还可为害甘蓝、芥菜、豌豆等。

（一）症状

叶、茎、花器和角果均可发病。叶片发病时初生少量白色点块状细丝状物，逐渐扩大，连接成片。叶片正、反面均可产生白色粉斑，严重时白粉斑布满叶片，后期叶片变黄、枯死。发病轻时，植株生长不良，开花受抑制。花器、角果、茎发病均产生白色粉斑，严重时花器、角果变形，种子瘦瘪。

(二) 防治方法

1. 加强栽培管理

适当增施磷、钾肥，提高寄主抗病力。

2. 选用抗白粉病品种

选择适合当地栽培的抗病品种。

3. 药剂防治

发病初期，可选用以下药剂：①15% 三唑酮可湿性粉剂1 500倍液。②25%腈菌唑乳油3 200～4 000倍液。③25%丙环唑乳油1 200～1 600倍液。④50%硫黄粉剂 150～300 倍液。

十二、根瘿黑粉病

(一) 症状

病株地上部分无明显萎蔫和枯死现象，因此该病较难识别。一般病株比健株略矮，感病油菜常开花早，土壤缺肥时常提早枯死。主要症状是根部的主、侧根形成肿瘤。一般主根上的根瘤比侧根多，通常有 2～5 个，如核桃或拳头大小。侧根上产生的肿瘤，有时几个瘤可结合成为一个大瘤。肿瘤椭圆形或扁球形，灰白色，稍带光泽，表面有小疣。肿瘤成熟时表面白里透黑，最后外层破裂，露出黑粉，因此称为根瘿黑粉病。

(二) 防治方法

1. 实行轮作

避免与十字花科作物连作。

2. 收拾病残体

将病残体集中烧毁。不用病残体沤肥。

十三、炭疽病

油菜炭疽病在我国油菜产区发生普遍，但为害较轻。病菌还可侵染大白菜、萝卜、芥菜等十字花科蔬菜。

（一）症状

油菜地上部分均可发病。叶片病斑小，圆形。病斑稍凹陷，中央白色或黄白色，边缘紫褐色。叶柄和茎上病斑长椭圆形或纺锤形，淡褐色至灰褐色。角果上的病斑与叶上相似。湿度大时，病斑上产生淡红色黏质物。病害严重时，叶上病斑可互相联合，形成不规则的大斑，使叶片变黄枯死。

（二）防治方法

1. 选无病株留种或进行种子处理

播种前用 50% 多菌灵可湿性粉剂按种子重量的 0.4% 拌种，或用 50℃温汤浸种 15min。

2. 加强栽培管理

与非十字花科作物轮作。油菜收获后深翻土地，适期播种，增施磷、钾肥，及时排出田间积水。

3. 药剂防治

可选用以下药剂：①40% 多硫悬浮剂 700 ~ 800 倍液。②25% 炭特灵可湿性粉剂 500 倍液。③80% 炭疽福美可湿性粉剂 800 倍液。④60% 炭疽停可湿性粉剂 800 ~ 1 000 倍液。⑤75% 百菌清可湿性粉剂 1 000 倍液。每隔 7~10d 喷 1 次，连续防治 2~3 次。

十四、细菌性黑斑病

（一）症状

叶、茎、花梗及角果均可发病。叶上病斑淡褐色或黑褐色，近圆形或多角形。病斑可沿叶脉发展，病斑多时联合成坏死大斑。茎上病斑多为椭圆形或条状，水渍状，有光泽，褐色至黑褐色，中央稍凹陷。花梗、角果上病斑水渍状，黑褐色。

（二）防治方法

1. 轮作

与禾本科作物轮作 2~3 年。

2. 选种及种子处理

选无病株留种，种子用 50℃温汤浸种 10min 杀菌。

3. 加强栽培管理

清除病残体，深翻土地。增施磷、钾肥，增强油菜抗病性。雨季注意清沟排渍，降低田间湿度。

4. 药剂防治

发病初期选用以下药剂防治：①72%农用链霉素可溶性粉剂 3 000 倍液。②30%绿得保悬浮剂 500 倍液。③77%可杀得可湿性粉剂 600 倍液。

十五、猝倒病

我国各油菜产区均有发生，以多雨地区发病较重。此病还可为害其他十字花科蔬菜及瓜类、豆类等。

（一）症状

主要为害幼苗。幼苗发病初期在地表处的幼茎产生水渍状斑点，后变黄，病部腐烂逐渐干缩，幼茎折断倒伏而死亡。

根部发病时产生褐斑，潮湿时病部或附近土面密生白色絮状菌丝。根部发病严重时地上部分萎蔫，病株从地表处折断。轻病株可长出新的支根和须根，但植株生长发育不良。

（二）防治方法

1. 苗床处理

可选用以下药剂：①50%福美双可湿性粉剂200g加细土100kg。②50%敌克松可湿性粉剂按每平方米8g加细土20倍。③50%多菌灵可湿性粉剂按每平方米8~10g加细土20倍。以上药剂加细土后要充分混匀撒施在苗床上。

2. 加强栽培管理

适时间苗，合理密植，清沟排渍，降低土壤和田间湿度。

3. 施用石灰

每亩施50kg石灰。

4. 药剂防治

可选用下列药剂对幼苗喷雾：①25%瑞毒霉可湿性粉剂500~800倍液。②75%百菌清可湿性粉剂1 000倍液。③95%噁霜灵4 000倍液。

十六、根腐病（立枯病）

（一）症状

油菜幼苗的茎基部、根部及成株期近地面的茎和叶柄均可发病。幼苗发病时，最初在茎基部产生近椭圆形褐色斑点、稍凹陷，病斑扩大可绕茎一周，病组织坏死缢缩，病苗折倒。成株期在靠近地面的茎和叶柄上最初产生水渍状浅褐色斑点，以后转为灰褐色，病斑凹陷。根颈部及膨大的根上发病时产生灰褐色凹陷病斑，湿度高时病部产生灰褐色蛛丝状菌丝。病株下部叶变黄、萎蔫，严重时全株枯萎。

(二) 防治方法

1. 苗床处理

按每亩施石灰粉 50kg 或 70% 敌克松可湿性粉剂 1kg 加细土 30kg 拌匀撒施在苗床上。苗床要及时间苗，除去病、弱苗，并注意通风透光。幼苗发病初期可用 75% 百菌清可湿性粉剂 600~800 倍液或 50% 多菌灵可湿性粉剂 800~1 000 倍液喷雾。

2. 加强栽培管理

清除田间病残体集中烧毁。实行轮作，不偏施氮肥，增施磷、钾肥，适时播种。清沟排渍，降低田间湿度。

十七、枯萎病

(一) 症状

苗期、成株期均可发病。病苗茎基部产生褐色或黄褐色病斑，发病严重时或土壤干旱、气温高时叶片失水、卷曲、萎蔫，最后枯死。初花期前后发病，茎秆产生隆起且沟状长形病斑，病株落叶。根和茎维管束为黑色黏状物堵塞，并有菌丝和分生孢子。病株矮化、萎蔫，最后枯死。

(二) 防治方法

1. 轮作

实行 3~4 年轮作，尤其是水旱轮作效果更好。

2. 农业防治

油菜收获后清除田间病残体。及时间苗，中耕除草，使植株生长健壮，提高抗病力。

十八、寄生性菟丝子

油菜寄生性菟丝子仅在我国局部地区发现为害。菟丝子还为害花生、马铃薯、大豆等多种作物。

（一）症状

菟丝子为害油菜时，先从土中长出黄色细丝状茎，当丝状茎接触油菜时，缠绕在植株上。菟丝子茎可从个别油菜植株不断生长蔓延至许多植株，严重发生时成片油菜布满成团的菟丝子茎，被缠绕的油菜植株变黄、萎蔫，甚至死亡。

（二）发生规律

菟丝子种子成熟时落入土中或在油菜脱粒时混在油菜种子中或混入肥料中，成为下一生长季的侵染来源。油菜生长期菟丝子种子发芽，长出旋转的丝状茎，当菟丝子的茎接触油菜就缠绕其上，产生吸盘侵入油菜维管束，吸收水分和营养。同时，菟丝子下半部的茎萎缩，并与土壤分离。菟丝子生长到一定时期，开花结果，又形成种子。

（三）防治方法

1. 清洁田园

田间发现菟丝子在油菜上蔓延时摘除菟丝子茎，携出田间烧毁。油菜收获后深翻土地，使菟丝子种子不能萌发出土。不用混有菟丝子种子的油菜残秸沤肥，如肥料中混有残秸，必须高温发酵，杀死菟丝子种子。

2. 喷施鲁保一号生物制剂

将制剂稀释 100~200 倍，充分混匀后，用纱布过滤，滤液每毫升含孢子量 2 000 万~3 000 万个。将滤液喷施在菟丝子上。喷洒前最好将菟丝子茎抽伤，以便孢子感染。选早、晚和阴天喷雾。

3. 选种

有菟丝子的田块采种后要精细选种，清除菟丝子种子。

第二节　油菜虫害

一、蚜虫

蚜虫俗称为蜜虫、腻虫、油虫等。属于同翅目，蚜科。为害油菜的蚜虫主要有萝卜蚜（又称菜缢管蚜）、桃蚜（又称烟蚜）、甘蓝蚜3种。桃蚜分布最广，几乎分布于全世界，我国也普遍发生；萝卜蚜分布较广，国外主要分布于南美洲、欧洲等地。

（一）为害症状

上述3种蚜虫均以成、若蚜在油菜叶片背面、嫩茎、花梗、角果上刺吸汁液，破坏叶肉和叶绿素，使叶片呈现褪色斑点，严重时卷曲、发黄、变形或枯死。嫩茎、花梗被害后呈畸形。角果发育不正常或枯死。此外，蚜虫还能传播油菜病毒病。

（二）发生规律

1. 主要习性

（1）趋性。桃蚜、萝卜蚜和甘蓝蚜3种蚜虫对黄色、橙色有强烈的趋性，绿色次之，对银灰色有负趋性。3种蚜虫都有趋嫩绿性，但萝卜蚜、甘蓝蚜不爱活动，主要集中在嫩叶、菜心及花序幼嫩部位取食为害；桃蚜常聚集在老龄叶背面取食为害。

（2）假死性。油菜蚜均有假死性。特别是桃蚜秋季有明显的假死性，稍受惊动，立即落地。

（3）食性。①萝卜蚜和甘蓝蚜均为寡食性。已知萝卜蚜寄主有30余种，甘蓝蚜寄主有50多种。②桃蚜为多食性蚜虫，能为害不同科的寄主植物，包括许多亲缘关系很远的植物。已知寄主有352种。③萝卜蚜喜取食叶上多毛、蜡质少的油菜品种。④甘蓝蚜喜欢在叶面光滑无毛、蜡质较多的油菜品种上取食为害。

2. 为害时期

3种蚜虫都为害油菜，但不同种类为害的时期不一样。桃蚜为害油菜全生育期，萝卜蚜主要在油菜苗期为害，甘蓝蚜主要在油菜开花结荚期为害。

3. 发生与环境的关系

（1）温度和湿度。①桃蚜最适发育温度为24℃，空气相对湿度为70%以下。温度高于28℃或降到6℃以下、空气相对湿度在80%以上或40%以下，不利于其发生。因此，春、秋两季为害重。②萝卜蚜最适发育温度为14～25℃，由于其适宜温度范围广，在较低的温度下也发育得比较快，故秋后油菜以萝卜蚜居多。③甘蓝蚜繁殖的最适温度为20～25℃，空气相对湿度为75%～80%。温度低于14℃或高于18℃，繁殖力低。④蚜虫一般在空气相对湿度50%～85%生长发育较适宜，当空气相对湿度高于90%或低于40%时对蚜虫有抑制作用。

（2）降水。①降水是限制蚜虫猖獗发生的一个重要原因。雨水不仅影响蚜虫的迁飞和扩散，而且直接影响蚜虫为害程度，特别是遇到大雨、暴雨时，由于雨水的冲刷作用，蚜虫量会急剧下降，故可减轻蚜虫的为害。②长期的阴雨天气还常导致蚜霉菌的发生，其控制蚜量的作用更为明显。由此可见，雨水偏多对蚜虫的发生不利。如果秋季和春季天气干旱，往往能引起蚜虫大发生；反之，阴湿天气多，蚜虫的繁殖受到抑制，发生为害则较轻。

（3）风。风对有翅蚜迁飞有其重要影响。蚜虫的迁飞量随风速的加大而减少，在无风的条件下迁飞量较大。

（4）栽培。蚜虫在冬季油菜等十字花科蔬菜田间都有发生。秋季迁入油菜田，迁入盛期在 10 月至 11 月中旬。因此，油菜播栽越早，从其他十字花科作物上飞来的蚜虫越多，受害就越重。

（5）天敌。天敌可在很大程度上抑制蚜虫种群的增长。据不完全统计，在我国能捕食蚜虫的天敌至少有 41 科 347 种。重要的捕食性天敌有异色瓢虫、七星瓢虫、龟纹瓢虫、黑食蚜盲蝽、黑带食蚜蝇、大灰食蚜蝇、大草蛉、丽草蛉、小花蝽等。主要寄生性天敌有蚜茧蜂，常见的种类有麦蚜茧蜂、菜蚜茧蜂、烟蚜茧蜂等。

（三）防治方法

苗期、蕾薹期、开花结荚期为 3 个重点防治期。

1. 农业防治

减少虫源。油菜及十字花科蔬菜收获后，及时清洁田间，处理病株残体，铲除田间、畦埂、地边杂草。

2. 人工物理防治

（1）黄板诱蚜。利用大部分蚜虫对黄色具有正趋性，在油菜播种出苗后，可在田间设置黄色粘虫板进行诱杀。

（2）银灰膜驱蚜利用蚜虫对银灰色的负趋性，在田园内、苗床上铺设或吊挂银灰色薄膜，可驱避多种蚜虫，预防病毒病。

3. 生物防治

（1）注意保护天敌。

（2）在蚜虫发生高峰期前在田间释放草蛉幼虫，可减轻蚜虫的为害。蚜虫与草蛉幼虫的比例为 50∶100。

4. 药剂防治

防治时期：在苗期，有蚜株率达到 10%，虫口密度达 1~2

头/株时；在抽薹开花期，10%的茎枝或花序上有蚜虫，虫口密度达3~5头/枝时。

常用药剂：3%啶虫脒乳油1 500倍液、10%烟碱乳油800~1 000倍液、7%百树菊酯乳油4 000倍液、10%吡虫啉可湿性粉剂2 500倍液。

另外，播种前可用药剂拌种。①用25%种衣剂2号1份和50份油菜种子拌种；②用卫福1份和100份油菜种子拌种。控制蚜虫有效期可达30d，不仅可减轻苗期病毒病，而且还可增产。

二、黑缝油菜叶甲

黑缝油菜叶甲俗名绵虫、黑蛆。属于鞘翅目叶甲科。

（一）为害症状

以成虫和幼虫咬食油菜、白菜等十字花科蔬菜的叶、茎、花、果。咬食处呈缺刻或孔洞，严重时叶片被吃光，咬掉生长点，造成缺苗断垄，甚至毁种。

（二）发生规律

1. 生活史

一年发生1代。冬季以卵在油菜根部地表及土块、枯叶、杂草下越冬。翌年春季，油菜返青时开始孵化，并群集在油菜上取食为害。油菜黄熟后，成虫潜入10~22cm深的土中越夏，秋季复出，迁入当年新播种的油菜田，为害油菜幼苗直至越冬。

2. 主要习性

（1）假死性。成虫和幼虫均具有假死性。成虫受惊后落地，不在地面或土中栖息，而向周围爬迁。

（2）群集性。幼虫和成虫均有群集性。幼虫孵化后，群集在油菜上取食心叶，咬坏生长点，造成油菜死亡。成虫在盛发期，也通常群集在植株上部为害。

（3）耐寒性。幼虫耐寒性较强，即使早春降雪，其生命也不会受任何影响。

（4）食性。成虫、幼虫以取食油菜嫩叶为主，常咬坏生长点，导致死苗。叶片被蚕食后仅残留主脉和大叶脉。

（5）喜光。幼虫喜光，喜欢白天活动为害，夜间、早晚及阴雨天潜伏在土块下。

（6）入土。筑室化蛹。幼虫老熟后，钻入 2～6cm 深的土中，筑土室化蛹。

（7）产卵。卵分散或成块产于土表或土块、枯叶下及油菜根部土缝中。

3. 发生与环境的关系

（1）气候。①冬季降雪少，早春气温回升快，有利于该虫大发生。②春季干旱少雨的气候条件十分有利于该虫的发生为害。

（2）品种。黑缝叶甲喜食白菜型油菜品种，所以白菜型油菜田比其他品种田受害重。

（3）地势。一般在背风向阳、低洼、崖根处虫口密度大。位于干旱半山区的田块为害最重，水浇地及高寒山区相对较轻。

（三）防治方法

1. 农业防治

（1）品种选择。少种白菜型油菜品种，合理搭配冬、春油菜品种的种植。通常春油菜发生少、为害轻，冬油菜受害重。因此，扩大春油菜种植面积，可有效地控制该虫发生和为害。

（2）加强田间管理。在冬油菜生长期，虫情的消长与降水量和灌水有密切的关系。因此，加强田间管理，增肥、灌水，做到壮苗抑虫，减轻虫害。

2. 药剂防治

成虫产卵前、油菜抽薹前、幼虫 1~2 龄阶段以及油菜结荚期，均为黑缝油菜叶甲的主要防治时期。

（1）土壤处理。用 2.5%辛硫磷粉 2kg/hm² 拌细土或细沙 30kg，于播种时撒入土表，然后耙入或翻入土中，可防治越夏成虫及越冬卵块。

（2）毒饵诱杀。在油菜苗期，用敌敌畏或敌百虫拌麦麸、油渣制成毒饵诱杀。

（3）撒施毒土。早春防治幼虫可用辛硫磷拌毒土直接撒施进行防治，能有效降低虫口密度。也可每亩用 2.5%溴氰菊酯乳油 15~20mL 兑水喷雾。

（4）喷粉。在油菜返青后抽薹前及幼虫初发阶段喷撒 2%巴丹粉剂 1.5~2kg/hm²。

（5）喷雾。油菜结荚期羽化成虫为害时，选喷下列药剂：①90%晶体敌百虫或 20%氯马乳油 3 000 倍液。②2.5%溴氰菊酯乳油 15~20mL/hm² 兑水喷雾，还可兼治蚜虫、潜叶蝇等害虫。

三、油菜茎象甲

油菜茎象甲俗称油菜象鼻虫等。属于鞘翅目象甲科。是油菜生产上的重要害虫之一，分布于我国各地油菜产区，以西北地区为害重。

（一）为害症状

成虫啃食油菜叶片、嫩茎和嫩果表皮层。雌虫在油菜嫩茎上、叶柄处蛀孔产卵。幼虫孵化后，在油菜茎内上下蛀食髓肉,受害处肿大、扁平、扭曲、畸形直至崩裂。轻者油菜分枝、结角、籽粒数减少,千粒重减轻;严重时植株矮化,多头丛生,茎内蛀成隧道,风吹易倒,在结角前植株会死亡,造成颗粒无收。

(二)发生规律

1. 生活史

油菜茎象甲一年仅发生1代。以成虫在油菜地土缝中越冬。早春成虫出土活动,当油菜进入抽薹期,雌成虫在油菜茎上用口器钻蛀一小孔,将卵产于孔中。卵孵化后,幼虫即在茎中向上、向下钻蛀取食为害。油菜收获前,幼虫从茎中钻出,落入土中,在距地表3cm左右深的土中筑土室化蛹。油菜收获后,当气温超过28℃时,成虫便入土或在阴凉处的杂草、枯枝落叶的地下越夏,到了秋季迁入油菜田为害直至越冬。

2. 主要习性

(1)假死性。成虫有假死性,受惊落地不易被发现。

(2)越夏和越冬。夏天气温高于28℃成虫即入土越夏。冬天以成虫入土越冬。

(3)群集性。幼虫有群集为害的习性,一般几头在一个茎秆内取食为害,多的达10~20头在一起,常把茎秆蛀空,遇风易折断。

3. 发生与环境的关系

(1)气候。①气温超过28℃成虫便入土越夏,气温在5℃时一般不活动,气温在15~20℃加上晴天活动最盛,超过24℃减弱。②气候干旱时易大发生。③大冻后翌年晚发油菜田块较重。

(2)苗势。苗势弱小、幼嫩的油菜植株受害重。

(3)地势。一般山区水地和高寒阴湿地区发生重,向阳半干地区发生轻。

(三) 防治方法

1. 农业防治

（1）降低越冬、越夏虫口基数。①通过中耕、灌水，特别是早春灌溉，有条件的可保水 1d，将成虫溺死，对减少越冬、越夏虫口基数有一定的效果。②土壤处理。油菜茎象甲成虫大多在地面 5~15cm 耕层内越冬、越夏，可在油菜播前，选用 50%辛硫磷乳油 250~300mL/hm²，拌毒土 40~50kg，结合深耕耱耙施入，既能有效地毒杀茎象甲成虫，也能兼治其他地下害虫。③改变茎象甲越冬或越夏环境，铲除油菜田边、渠边、田埂、休闲地等处杂草，清除枯枝落叶，可收到较好的效果。

（2）合理布局。因成虫在土中和枯枝落叶下越冬或越夏，所以，避免连作，轮作换茬，可有效地降低田间茎象甲成虫存活量。

2. 药剂防治

要抓好越冬前、早春和苗期 3 个时期的防治，尤以早春防治最为关键。以喷药杀灭成虫为主。

（1）喷粉。春季成虫已开始活动而尚未产卵时，是防治油菜茎象甲的最佳时期。可选择喷撒 2.5%敌百虫粉、4.5%甲敌粉或 2.5%辛硫磷粉。喷粉剂量为 2kg/hm²。

（2）撒毒土。50%辛硫磷乳油 250~300mL/hm²，加水 1L 稀释后与 25~30kg 细干土拌匀，制成毒土顺根条施。药剂改用 90%晶体敌百虫 200g 也可。

（3）涂茎。可在油菜抽薹后，见到茎秆上出现初期被害状时，用 1:3 久效磷羊毛脂缓释涂茎剂涂于被害处下方，效果较好。

（4）喷雾。可选用4%联苯菊酯乳油500~600倍液或40%三唑磷乳油600~800倍液或10%醚菊酯悬浮剂500~600倍液。喷药部位以油菜根茎及根际土壤为重点。

四、小菜蛾

小菜蛾俗称菜蛾、小青虫、扭腰虫、两头尖、吊丝虫、方块蛾。属于鳞翅目菜蛾科。为世界性害虫。

（一）为害症状

初孵幼虫啃食叶肉，在叶柄和叶脉内蛀食，形成细小的隧道。1~2龄幼虫取食叶下表皮和叶肉，残留上表皮、呈透明薄膜状，俗称"开天窗"。3~4龄幼虫将叶片食成孔洞或缺刻，严重时将叶片吃光，仅留网状叶脉。在苗期，幼虫尤其喜欢集中在心叶间为害，使植株不能生长或造成畸形。在留种株上还可啃食幼荚和籽粒，对油菜和留种菜造成很大威胁。

（二）发生规律

1. 主要习性

（1）食性杂。除为害油菜和十字花科蔬菜外，还可取食番茄、马铃薯、生姜、洋葱和一些观赏植物的紫罗兰、桂竹香及药用植物板蓝根等多种植物。

（2）趋光性强。成虫对黑光灯、日光灯有强趋光性。通常气温在10℃以上即可扑灯，19—21时扑灯最多。

（3）飞翔力不强。成虫飞翔能力不强，但可借风力进行远距离传播。

（4）耐寒力极强。幼虫在0℃下可忍耐42d。-4℃时尚可取食。即使在-18℃的低温下，田间各龄幼虫仍可存活。

（5）产卵有强的选择性。①成虫喜欢选择在甘蓝、白菜、花椰菜等作物上产卵。②卵多产于叶背面靠近主脉处有凹陷的地方。

（6）幼虫习性。①初孵幼虫蛀入叶的上下表皮之间，取食叶肉，形成小隧道。2龄幼虫退出隧道，在叶背或心叶上取食。②幼虫活泼，受惊时剧烈扭动，并吐丝下垂逃走，也称"吊死鬼"。

（7）化蛹场地。幼虫老熟后，多在叶背面或枯叶上化蛹，也有的在茎、叶柄、叶腋或枯草上吐丝结茧化蛹。

2. 发生与环境的关系

（1）气候。①温度。菜蛾各虫态发育与繁殖适宜的温度为20~28℃，最适温25℃左右。低于20℃或高于29℃成虫寿命缩短，产卵量减少。成虫对温度适宜范围广，在0℃环境中可存活几个月，在10℃以上温度下可以扑灯，在10~42℃的温度范围内可以产卵繁殖。②雨水。雨水对菜蛾有一定抑制作用，特别是低龄幼虫更为敏感。通常在夏、秋两季，常因暴雨的冲刷导致大量幼虫死亡，使之为害减轻，所以夏季干旱少雨年份为害较重。

（2）食料。菜蛾主要取食十字花科植物，并偏嗜甘蓝型植物。这些植物通常在春、秋两季生长，而且，此时的气候也最适合于小菜蛾的生长发育。因此，凡是十字花科植物周年不断，特别是甘蓝型植物种植面积又大的地区，菜蛾食料丰富，发生、为害严重。

（3）天敌。小菜蛾幼虫和蛹的寄生性天敌种类较多。常见的有姬蜂、绒茧蜂、啮蜂等。

（三）防治方法

1. 农业防治

（1）减少虫源。油菜收获后及时清除田间残株老叶或进行冬耕，消灭越冬虫源，压低春季虫口密度。

（2）避免连作。合理布局，尽量避免小范围内油菜或十字花科蔬菜周年连作。

2. 人工及物理防治

（1）灯光诱杀。在成虫发生期，每50亩设置1盏频振式杀虫灯进行诱杀。灯的位置要高于油菜地33cm，可诱杀大量成虫。

（2）性引诱剂诱杀。首先将直径为18cm的小塑料水桶内装其容积80%的水，并加少量洗衣粉，置于距地面30cm高处。然后将放有小菜蛾性引诱剂的铁丝悬挂在离水面1～2cm处，通过性诱，可诱杀大量的雄成虫，以降低雌成虫的生殖能力。将性引诱剂与灯光结合使用，可取得更好的防治效果。

3. 生物防治

日均温度达20℃以上时，喷洒以下生物农药。

（1）用Bt制剂750～1 500g/hm^{2}兑水600L，喷雾。

（2）用Bt生物复合病毒制剂750～1 500g/hm^{2}兑水450L喷雾。

（3）将感染菜蛾颗粒病毒病的4～5头菜蛾病体磨碎，兑水1 000～2 000倍，再加0.1%活性炭喷洒，防效可达80%以上。

4. 药剂防治

当油菜幼苗长到8～10片叶时进行田间检查，如每平方米幼虫达到20头以上，应抓紧在幼虫孵化盛期或2龄前进行喷药防治。喷药时重点喷雾心叶和叶背面。常用药剂有40%毒死蜱乳油600～800倍液、1%阿维菌素乳油700～1 000倍液、5%氟铃脲乳油800～1 200倍液、5%氟啶脲乳油600～1 200倍液、30%茚虫威水分散粒剂5 500～10 000倍液。

五、菜粉蝶（菜青虫）

菜粉蝶俗称菜白蝶、白粉蝶，幼虫称菜青虫。属于鳞翅目粉蝶科。分布于世界各地。菜粉蝶在我国各地都有发生和为害。

（一）为害症状

菜粉蝶仅以幼虫为害。初孵幼虫啃食叶片，残留表皮。3龄以后蚕食叶片，咬成孔洞和缺刻，仅剩叶柄和较粗的叶脉。苗期受害严重时整株死亡。此外，幼虫排出的大量虫粪污染叶面和菜心，甚至导致病害的发生。

（二）发生规律

1. 主要习性

（1）活动习性。成虫通常在早晨露水干后开始活动，以晴朗无风的中午最活跃。喜欢在开花植物上吸食花蜜，所以近蜜源的油菜田地着卵多、受害重。

（2）产卵习性。雌虫产卵具有趋边习性，通常在田四周产卵较多。卵散产，直立于叶上。夏季多产在叶背，冬季多产在叶片正面，少数产在叶柄上。

（3）吃卵壳习性。幼虫多在清晨孵化。初孵幼虫先吃去卵壳，然后才取食叶片。

（4）化蛹场所。除越冬代外，其他各代幼虫老熟后，多在菜叶背面、植株基部及叶柄等处蜕皮化蛹。

2. 发生与环境的关系

（1）气候。①菜青虫适宜温暖湿润的气候条件。生长发育适宜温度为16～31℃，空气相对湿度68%～80%。最适温度为20～25℃，空气相对湿度76%左右。②忌高温低湿，当温度高于32℃、空气相对湿度为68%以下时，幼虫就会死亡。夏季气温高、雨水多，特别是遇到暴雨，卵和初孵幼虫常因高温和雨水的机械冲刷而大量死亡，这就是造成夏季虫口下降的原因之一。

（2）食料。菜粉蝶主要取食十字花科蔬菜。靠近住宅区、菜园等地，由于十字花科蔬菜植物多，油菜田虫源基数大，受害严重。

（3）栽培。早播、早栽及生长好的油菜田发生重。

（4）天敌。菜粉蝶的天敌很多。寄生于卵的天敌有广赤眼蜂，捕食性天敌有花蝽；寄生于幼虫的有粉蝶绒茧蜂、微红绒茧蜂、蝶蛹金小蜂、日本追寄蝇；寄生于蛹期的有舞毒蛾黑瘤姬蜂、蝶蛹金小蜂、广大腿小蜂、次生大腿小蜂、寄蝇等；捕食幼虫和蛹的天敌有胡蜂、步甲、猎蝽等。

（三）防治方法

1. 农业防治

（1）减少虫源。在油菜及其他十字花科植物收获后，应及时把残株、老叶清除掉。深翻土地，消灭田间残留的幼虫和蛹。

（2）避免连作。油菜与非十字花科植物轮作，可减轻虫害。

2. 生物防治

（1）保护天敌。少用广谱和残效期长的农药，放宽防治指标，避免杀伤天敌。

（2）释放赤眼蜂。在有条件的地区，人工释放广赤眼蜂，通常在产卵盛期每亩放蜂10 000头，每隔5~7d放1次，连续放蜂3~4次。

（3）喷洒生物农药。①在卵孵化盛期、气温20℃以上时，每亩用苏云金杆菌可湿性粉剂（16 000国际单位/mg）25~30g，或Bt悬浮剂（2 000国际单位/mg）100~150mL，或苏云金杆菌悬浮剂800~1 000倍液（100亿个/g以上活芽孢），选择喷洒，1周后再喷1次。②在苗期每亩用1 000 PIB/mg黏核病毒

250g，喷洒1次。定植后每隔3~4d喷洒1次，连续防治3次。以后每隔7d喷药1次，全生长期约防治8次。③用菜青虫颗粒病毒虫体3~5g或10~20头因感染病毒而死的虫尸，研磨后加水30~60L稀释，加入0.1%洗衣粉喷雾。若与低浓度农药混用，效果更显著。

3. 药剂防治

菜青虫药剂防治适期是成虫产卵高峰后1周左右或幼虫2龄高峰期以前。可选用以下药剂进行喷雾防治：1.8%阿维菌素1 200~1 600倍液、40%毒死蝉乳油600~800倍液、25%灭幼脲悬浮剂2 000~3 000倍液、0.2%苦参碱水剂500~600倍液、30%茚虫威水分散粒剂12 000~20 000倍液。

六、油菜潜叶蝇

油菜潜叶蝇也叫豌豆潜叶蝇、菠菜潜叶蝇，俗称夹叶虫、叶蛆、串叶虫。属于双翅目潜蝇科。国外分布广，主要分布于非洲、北美、欧洲和亚洲的日本。

（一）为害症状

幼虫潜入寄主叶片表皮间，取食叶肉，曲折穿行，造成不规则的灰白色线状隧道，严重时整个叶片布满虫道，叶片逐渐变白，失去光合作用能力，提早脱落，尤以植株基部叶片受害最为严重。通常受害植株提早落叶，影响结荚，导致减产，严重时植株枯萎死亡。

（二）发生规律

1. 主要习性

（1）活动习性。成虫白天活动，对甜汁有趋性，常吸食花蜜及叶片汁液补充营养。

（2）产卵习性。成虫将卵散产在嫩叶背面的边缘，以叶尖处最多，并喜欢选择高大、茂密的植株产卵。因此，植株高大的油菜受害较重。

（3）食性。幼虫食性复杂。据文献记载，已知寄主植物有 21 科 137 种，主要为害油菜、豌豆、萝卜、白菜等十字花科蔬菜及多种草本花卉和苍耳等多种杂草，尤以油菜、豌豆受害最重，严重影响豆荚种子饱满度、结荚及其产量和产品质量。

（4）耐寒而不耐高温。喜偏低的温度，在 0℃ 的气温中幼虫和蛹仍能发育。但不耐高温，气温达 35℃ 以上时成虫大量死亡。幼虫以蛹越夏。夏季气温高是其种群数量下降的主要原因。

（5）取食习性。幼虫由叶缘向内取食叶肉，将叶片蛀成灰白色弯曲隧道。随着虫体的长大，蛀道不断加宽延长，但不穿过叶片的主脉。

（6）化蛹。幼虫老熟后，先将隧道末端表皮咬破，然后化蛹，使蛹的前气门与外界相通，同时也便于成虫羽化。

2. 发生与环境的关系

（1）温度。成虫和幼虫适宜在 15~20℃ 的温度下生存，超过 35℃ 不能生存，所以多在阴凉处的寄主上度夏。

（2）食料。寄主植物很多，但最喜欢取食豆科及油菜等十字花科蔬菜。取食不同的寄主植物，对其各虫态的发育历期有明显的影响。此外，成虫寿命还与补充营养的水平有密切的关系。

（3）栽培。在油菜、豆类和十字花科蔬菜等植物种植面积大，而且连片、集中的田块常发生量大，为害严重；反之则轻。

（4）天敌。寄生幼虫的主要天敌有豌豆潜叶蝇姬小蜂、潜蝇茧蜂等。在自然情况下，天敌对油菜潜叶蝇种群数量的控制也起着重要作用。

（三）防治方法

1. 农业防治

早春及时清除田间、田边杂草，摘除油菜花叶。在油菜、豌豆及十字花科蔬菜收获后，及时清除田内枯枝落叶，以减少下代及越冬的虫源基数。

2. 人工、物理防治

根据成虫对甜汁有趋性的习性，配制毒糖诱杀。①在成虫盛发期，用甘薯、胡萝卜煮出液，或3%红糖液加0.5%敌百虫制成毒糖液，在田间每隔3m左右点喷10~20株油菜，每隔3~5d点喷1次，连喷4~5次，即可杀灭大量成虫。②用醋100g、红糖100g、白砒50g加水1L煮沸，调和均匀，拌干草和树叶40kg，撒布田间，也可杀死部分成虫。

3. 生物防治

注意保护天敌。

4. 药剂防治

注意掌握在成虫盛发期或幼虫潜蛀始期，当有虫株率达10%时，在早晨或傍晚喷洒农药防治。

（1）喷雾。选用下列药剂：1.8%阿维菌素乳油600~1 200倍液、40%毒死蜱乳油750~1 000倍液、30%灭蝇胺可湿性粉剂1 500~1 800倍液。

（2）喷粉。每亩喷2~2.5kg 2.5%敌百虫粉剂，视虫情每隔7~10d防治1次，共防治2~3次，可取得明显的效果。

七、美洲斑潜蝇

美洲斑潜蝇俗称潜叶蝇、地图虫、蔬菜斑潜叶蝇、蛇形斑潜叶蝇、甘蓝斑潜叶蝇、苜蓿斑潜叶蝇。属于双翅目潜蝇科。

美洲斑潜蝇是一种危险性的害虫，为世界检疫对象。

（一）为害症状

以幼虫潜入叶片内取食叶肉，形成不规则的白色蛇形虫道。随着幼虫成熟，虫道逐渐变宽，两侧留下交替平行排列的粪便，构成1条黑色条纹。虫道一般不交叉、不重叠，终端明显变宽，这是区别于其他潜叶蝇为害状的重要特征。此外，雌成虫在叶片上刺孔产卵，形成不规则的白点，轻者影响叶片的光合作用和营养物质的输导，严重时受害植株叶片变黄、枯死，甚至整株死亡。

（二）发生规律

1. 主要习性

（1）食性。食性广，为害作物多。在我国已发现为害油菜等26科312种植物。

（2）趋性。成虫具趋光性、趋蜜性和趋黄性。

（3）耐温性。成虫耐高温能力强。研究表明，即使在40℃恒温下，经过6~8h后观察，仍有50%的成虫能够存活。

2. 发生与环境的关系

（1）气候。

①温度。最适宜温度为22~31℃。超过30℃或低于20℃则发育缓慢，而且未成熟幼虫的死亡率较高。高于36℃时，其卵不能孵化，蛹不能羽化。

②湿度。最适宜的空气相对湿度是30%~70%，叶面上有水不利于蛹的羽化。降水量大会增加其死亡率，在蛹期，若地面上积水过多，会溺死大量的蛹。

（2）食料。食性杂，寄主植物多，选择性强。通常豆类、瓜类、茄类和十字花科植物种在一起时，豆科和瓜类受害重。

（3）天敌。①自然天敌资源十分丰富，已发现寄生性和捕食性天敌 17 种。②幼虫和蛹的主要捕食性天敌有瓢虫、小花蝽、草蛉、蚂蚁及蜘蛛等。③幼虫期寄生蜂主要有底比斯釉姬小蜂、丽潜蝇姬小蜂、反颚茧蜂、潜叶蜂等。这些寄生蜂除在美洲斑潜蝇幼虫体内寄生致幼虫死亡外，还可通过取食和刺伤幼虫而使幼虫死亡，对美洲斑潜蝇的发生和为害起一定的抑制作用。据资料记载，春季未施药保护地美洲斑潜蝇幼虫被寄生率可达 13.8%，夏季露地天敌对斑潜蝇控制作用更加明显，田间幼虫被寄生率常达 60%以上，不施药地块幼虫被寄生率最高可达 98.3%。因此，合理施药及保护和利用天敌十分必要。

（三）防治方法

1. 农业防治

（1）严格检疫。防止人为传播。发现被害植株及时清除销毁。

（2）套作或轮作。在美洲斑潜蝇发生地区，最好实行与非美洲斑潜蝇喜食作物套作或轮作换茬，以减轻其发生与为害。

（3）降低虫源基数。收获后及时清除田间植株残体，铲除田内外杂草，减少虫源基数。

（4）灭蛹。对前茬为寄主作物的田块，油菜种植前浸水或深翻晒垡，可减少土中的活蛹量。

2. 人工、物理防治

在虫害发生高峰时，摘除带虫叶片集中销毁。依据美洲斑潜蝇成虫的趋黄习性，用灭蝇纸、黄板等诱杀成虫。每亩设置15 个诱杀点，每点放置 1 张灭蝇纸。诱虫板应略高于油菜苗，最好 3~4d 更换 1 次。

3. 生物防治

据调查，在不用药的情况下，田间寄生蜂天敌寄生率可达

60%以上，最高可达98.3%。因此，合理施用农药，有效地保护和利用天敌，也可取得一定的防治效果。

4. 药剂防治

在成虫羽化、幼虫始盛期是药剂防治的主要时期。所选药剂同油菜潜叶蝇。

八、菜蝽

菜蝽俗称河北菜蝽。属于半翅目蝽科。

（一）为害症状

以成虫、若虫刺吸油菜等十字花科蔬菜叶片、茎、花，尤喜刺吸嫩芽、嫩茎、嫩叶、花蕾及幼荚。植株被害处呈现黄白色至微黑色斑点。幼苗期受害后致植株萎蔫，甚至枯死；花期受害后，不能结荚或籽粒不饱满。严重影响油菜的生长和产量。

（二）发生规律

1. 生活史

菜蝽在北方一年发生2～3代，南方5～6代。各地均以成虫在石块下、土缝内及落叶、枯草中越冬。越冬成虫在翌年3月下旬开始活动为害，5—9月为成虫、若虫的主要为害时间，10月开始越冬。

2. 主要习性

（1）产卵习性。雌虫产卵多在夜间进行。一般将卵产在叶背面，少数产在茎上。

（2）群集性。菜蝽的初孵幼虫群集在卵壳周围。

（3）活动习性。成虫、若虫均喜欢在叶背面活动，早、晚或阴天成虫有时爬到叶正面。

（三）防治方法

1. 农业防治

收获后清除田间枯枝落叶和杂草，及时翻耕，可减少越冬虫源。

2. 人工、物理防治

人工摘除卵块。捕杀成虫和若虫。

3. 药剂防治

掌握在若虫期或幼虫 3 龄前喷药。常用药剂为：①90% 晶体敌百虫、40% 乙酰甲胺磷乳油、50% 倍硫磷乳油、50% 杀螟松乳油 1 000 倍液。②2.5% 溴氰菊酯乳油 3 000 倍液、50% 辛氰乳油 3 000 倍液。

九、甘蓝夜蛾

甘蓝夜蛾俗称甘蓝夜盗蛾等。属鳞翅目夜蛾科。国外分布于亚、非、欧、美各洲。我国分布于全国各地，以北方发生较重。

（一）为害症状

以幼虫为害叶片。幼虫刚孵化时集中在所产卵块的叶背取食，使叶片残留表皮，呈现出密集的"小天窗"状；2~3 龄幼虫将叶吃成小孔；3 龄后幼虫分散为害，昼夜取食；6 龄幼虫白天潜伏在根际土中，夜间出来暴食，把叶片吃成大孔，仅留叶脉、叶柄，甚至可将寄主吃光，再成群迁移邻田为害。

（二）发生规律

1. 主要习性

（1）趋性。成虫对糖、醋味有趋性；雌蛾喜欢将卵产于生长茂盛、叶色深绿的植物上。

（2）补充营养。成虫羽化后需吸食蜜源作为补充营养，若蜜源植物多，补充营养充足，则成虫产卵量高。

（3）群集性。初孵幼虫在叶背卵块附近群集取食，3龄以后才分散为害。

（4）暴食性。幼虫4龄后食量开始增多；以6龄食量最大，其食量占整个幼虫期总食量的80%~90%，为害最严重。

2. 发生与环境的关系

（1）气候。喜温暖和偏高湿的气候，日均气温18~25℃、空气相对湿度70%~80%有利其生长发育，气温低于15℃或高于30℃、空气相对湿度低于65%或高于85%则不利其发生。

（2）食性。食性极其复杂，已知寄主达45科100余种。主要为害油菜等十字花科及茄果类、豆类、瓜类、马铃薯等蔬菜。

（3）食料。越冬虫口密度大小，决定于冬季作物种类多少。凡冬季收获早、植株密度较小、致幼虫营养条件不良的，幼虫化蛹前的迁移量就大，本田内虫口密度就小；反之，虫口密度就大。

（4）栽培。成虫喜欢在高大茂密的作物上产卵，所以水肥条件好、长势旺盛的菜地受害重。

（5）天敌。①主要寄生性天敌有广赤眼蜂、松毛虫赤眼蜂、拟澳赤眼蜂、拟瘦姬蜂等。②捕食性天敌有马蜂、步甲、蜘蛛等。③病原微生物有甘蓝夜蛾核型多角体病毒及虫霉等。这些天敌对甘蓝夜蛾的发生程度具有一定影响。

（三）防治方法

1. 农业防治

翻耕灭蛹。油菜收割后，及时进行翻耕，可使一部分越冬蛹暴露于地面，经过暴晒、鸟类啄食，再经过严寒的冬天，能直接杀死一部分蛹，减少翌年虫口基数。

2. 人工、物理防治

（1）毒液诱杀。利用成虫趋性，采用糖、醋、酒和农药配制成毒液，诱杀成虫。配制方法是：按 3 份糖、4 份醋、1 份酒、2 份水的比例进行混配，配好后加少量敌百虫即可。

（2）摘卵灭幼虫。掌握成虫卵期及初孵幼虫期集中取食的习性，结合田间管理，摘除有卵块及初孵幼虫的叶片，不仅可消灭大量的卵和初孵幼虫，而且还可减少田间虫源基数。

3. 生物防治

（1）喷洒生物农药。在幼虫 3 龄前，用 Bt 悬浮剂、Bt 可湿性粉剂（每克含 100 亿个孢子）500～1 000 倍液喷洒或喷雾。

（2）释放赤眼蜂。卵期释放。每亩设 6～8 个点，每次每点放蜂 2 000～3 000 头，每隔 5d 放 1 次，连续放 2～3 次。

4. 药剂防治

防治适期是在成虫盛期开始 1 周后进行。此时刚孵化出来的低龄虫集中取食为害，食量小，抗药力弱。常用药剂为：①90% 晶体敌百虫 1 000～1 500 倍液。②30% 茚虫威水分散粒剂 5 500～10 000 倍液。③50% 敌敌畏乳油 1 000～1 500 倍液。④ 80% 敌敌畏乳油 1 500～2 000 倍液。

十、甜菜夜蛾

（一）为害症状

幼虫食叶成缺刻或孔洞，严重的把叶片吃光，仅剩下叶柄、叶脉，对产量影响很大。

（二）发生规律

（1）气候。蛹在 -12℃ 以下经数日即死亡。初冬和越冬期死亡是影响春季成虫大发生重要因素。

（2）栽培。稀植大豆田比密植大豆田虫量大；长势老健的豆株比旺嫩豆株上虫量大。

（三）防治方法

1. 农业防治

合理轮作避免与寄主植物轮作套种，清理田园、去除杂草落叶均可降低虫口密度。秋季深翻、冬季打冻水可杀灭大量越冬蛹。早春铲除田间地边杂草，消灭杂草上的初龄幼虫。在虫卵盛期结合田间管理，提倡早晨、傍晚人工捕捉大龄幼虫，挤抹卵块，这样能有效地降低虫口密度。在夏季干旱时灌水，增大土壤的湿度，恶化甜菜夜蛾的发生环境，也可减轻其发生。

2. 物理防治

成虫始盛期，在大田设置黑光灯、高压汞灯及频振式杀虫灯诱杀成虫。各代成虫盛发期用杨柳枝把诱蛾，消灭成虫，减少棉田落卵量。利用性诱剂诱杀成虫。

3. 药剂防治

甜菜夜蛾低龄幼虫在网内为害，很难接触药液，3龄以后抗药性增强，因此药剂防治难度大，应掌握其卵孵盛期至2龄幼虫盛期开始喷药。药剂选用10%除尽悬浮剂1 000~1 500倍液或20%米满悬浮剂1 000~1 500倍液或2.5%悬浮剂1 000~1 500倍液或5%抑太保乳油3 000~4 000倍液或25%灭幼脲3号悬浮剂1 000倍液或20%灭幼脲1号胶悬剂1 000倍液。

十一、猿叶甲

猿叶甲包括大猿叶甲和小猿叶甲2种，均属鞘翅目，叶甲科。成虫俗称黑壳甲、乌壳虫；幼虫俗称癞虫、滚蛋虫、弯腰虫等。大猿叶甲属寡食性害虫，我国各地均有分布；小猿叶甲常与大猿叶甲相并发生。

（一）为害症状

成虫、幼虫均为害叶部，把叶片咬成许多豆粒大小的孔洞或缺刻。严重发生时仅留下主脉和叶柄，被害叶子则成为筛子底状。

（二）发生规律

（1）假死性。田间有轻微振动成虫和幼虫即装死落地。

（2）耐饥力强。成虫90多天不食可以继续存活。

（3）产卵习性。①大猿叶甲卵主要产于植物根际附近的土缝中、土块上或寄主的心叶上。卵呈块状，每块有卵20粒左右。②小猿叶甲成虫产卵都在菜帮和粗叶脉的背面上打洞产卵，卵散产于叶柄上。产前咬孔，1孔1卵，横置其中。

（4）幼虫取食习性。①大猿叶甲孵化出的幼虫昼夜可以取食。②小猿叶甲幼虫喜在作物心叶上取食，昼夜活动，以晚上为甚。

（5）越夏。①大猿叶甲6—8月潜入土中越夏。②小猿叶甲春季发生的成虫，夏天潜入土中或草丛等阴凉处越夏，夏眠期达3个月左右，至8—9月又陆续出土为害。

（6）寿命长。大猿叶甲成虫平均寿命3个月；小猿叶甲成虫寿命更长，平均2年。

（三）防治方法

1. 农业防治

减少越冬、越夏虫口基数。清洁田园。结合积肥，清除杂草、残株落叶，恶化成虫越冬条件。或在田间堆放菜叶、杂草进行诱杀。秋季收获后，及时把杂草、落叶集中处理或沤制肥料，可起到破坏害虫蛰伏场所和减少害虫食料的作用。

2. 人工、物理防治

利用成虫、幼虫假死性，将盛有泥浆或药液的广口容器或盛水的容器（如水盆）等置于叶下，击落成虫、幼虫，集中杀死。清晨进行效果更好。

3. 药剂防治

在成虫、幼虫盛发期喷洒农药。常用药剂为：①40%毒死蜱乳油 600~800 倍液。②5%氟虫脲可分散液剂 1 000~1 500 倍液。③50%敌敌畏乳油或 90% 晶体敌百虫 1 000 倍液。每虫期施药 1~2 次，交替施用效果更佳。

十二、黄曲条跳甲

黄曲条跳甲俗称菜蚤、土跳蚤等。属于鞘翅目叶甲科。

（一）为害症状

成虫、幼虫均可为害，但以成虫为害为主。以苗期受害最为严重。成虫常群集咬食刚出土的幼苗，使嫩叶出现稠密小孔；或破坏幼苗的生长点，甚至把幼苗吃光，造成毁种。在留种地主要为害花蕾、嫩荚。幼虫在土内啃食作物根部表皮，将根皮蛀食成许多环状弯曲虫道，或咬断须根，使地上部分发黄、萎蔫死亡。另外，幼虫为害后还会诱发细菌性软腐病。

（二）发生规律

1. 主要习性

（1）成虫善跳。成虫善于跳跃，遇惊后立即跳走。高温时还能飞翔，特别是以中午前后活动最盛。

（2）趋性。成虫有明显的趋黄色和趋嫩绿习性。有趋光性，对黑光灯特别敏感。

（3）寿命长。成虫寿命平均为 50d，最多的可达 1 年之久。

（4）产卵习性。成虫卵散产于植株周围湿润的土隙中或细根上，也可在近土表处植株基部咬一小孔，将卵产于其中。

（5）喜潮湿。黄曲条跳甲喜欢栖息在湿润的环境中。雌成虫喜欢在潮湿的土壤中产卵。

2. 发生与环境的关系

（1）温度。成虫适宜温度为 21~30℃。在此温度范围内，成虫活动、取食最盛，生存率也最高。气温低于 21℃ 或高于 30℃ 成虫很少活动。夏天气温高时，抑制其生存繁殖，因而为害减轻。

（2）湿度。湿度直接影响成虫的产卵量和卵的孵化率。成虫不喜欢在含水量少的地方产卵，而且卵的孵化要求湿度也很高，若空气相对湿度达不到 100% 时，则许多卵都不能孵化。

（3）栽培。由于黄曲条跳甲属于寡食性害虫，偏食油菜等十字花科植物，因此凡是油菜和十字花科作物连作的地区，有利于其发生为害；反之，则发生为害轻。另外，靠近山地杂草多的以及蔬菜地附近的油菜受害重。

（三）防治方法

1. 农业防治

（1）轮作换茬。注意作物布局，避免与十字花科蔬菜连作。同时也不要在油菜埂上种十字花科蔬菜。

（2）翻耕晒田。油菜收获后清除残株落叶和杂草，立即翻耕晒田，待表土晒白后再播种，可消灭土壤中部分幼虫和蛹。

（3）生物防治。选用斯氏线虫（A24 品系）和异小杆线虫（86H-1）2 种线虫，按 7×10^{10} 条/hm² 线虫的用量，可有效控制黄曲条跳甲的发生和为害。

2. 药剂防治

（1）处理土壤。在土壤翻耕前，撒施 5% 辛硫磷颗粒剂

$30\sim45kg/hm^2$，可消灭土壤中的幼虫和蛹。

（2）拌种。每 10kg 油菜种选用有效成分含量 600g/L 的吡虫啉 200mL 或 30%噻虫嗪种子处理悬浮剂 80～160mL，加 0.136%赤·吲乙·芸薹可湿性粉剂 10g，兑水 100～200mL，混合均匀调成浆状药液，与种子充分搅拌，直到药液充分分布到种子表面，晾干后即可播种。

（3）药剂浸根灭虫。移栽时若发现根部有幼虫，用80%～90%晶体敌百虫 1 000 倍液浸根，可消灭根中幼虫。

（4）喷洒农药。常用喷雾药剂为：①90% 晶体敌百虫 750g 或 10%溴氰菊酯、2.5%溴氰菊酯乳油 225～375mL，兑水 750L。②40%速灭菊酯 1 500 倍液。③2.5%杀虫双 1 000 倍液。若防治土内幼虫，可用上述药剂灌根。

十三、黄翅菜叶蜂

在我国为害油菜等十字花科蔬菜的菜叶蜂有 5 种：黄翅菜叶蜂、黑翅菜叶蜂、黑斑菜叶蜂、日本菜叶蜂。它们均隶属膜翅目，叶蜂科。但以黄翅菜叶蜂分布最广。

（一）为害症状

幼虫为害叶片成孔洞或缺刻，为害留种株花和嫩荚，少数咬食根部，虫口密度大时，仅几天即可造成严重损失。

（二）发生规律

1. 生活史

一年发生 4 代。以预蛹在土中结茧越冬。为害时间：第一代在 5 月上旬至 6 月中旬，第二代在 6 月上旬至 7 月中旬，第三代在 7 月上旬至 8 月下旬，第四代在 8 月中旬至 10 月中旬。发生高峰期为每年春、秋两季，为害严重时间为 8—9 月。

2. 生活习性

（1）成虫活动习性。成虫喜欢在晴朗高温的白天活动、交配和产卵。

（2）雌虫产卵习性。雌成虫将卵产入叶缘组织内，常在叶缘处产成一排，呈小突起状，每处 1~4 粒，每头雌虫一生可产卵 40~150 粒。

（3）幼虫习性。幼虫有假死习性，喜欢早、晚活动取食。老熟幼虫入土筑土茧化蛹。

（三）防治方法

1. 农业防治

（1）减少虫源。油菜等十字花科蔬菜收获后，及时翻耕，破坏虫茧或使虫茧暴露在外，减少虫源。

（2）适时播种。适当将易受害的油菜、白菜、萝卜等十字花科植物提前播种，尽量将作物易受害期与幼虫大发生期错开，可减轻黄翅菜叶蜂为害。

2. 人工、物理防治

在成虫发生期，每天 10—17 时用捕虫网在田间、地边杂草上网捕成虫，并集中处理。

3. 药剂防治

（1）喷粉。在露水未干前，喷撒 2% 巴丹粉剂，每亩 2kg。

（2）喷雾。在幼虫发生期选喷以下化学农药。20% 氰戊菊酯乳油、2.5% 溴氰菊酯乳油、10% 氯氰菊酯乳油、5.7% 氟氯氰菊酯乳油 3 000~4 000 倍液。药效可维持 20 多天。

十四、油菜露尾甲

（一）为害症状

油菜露尾甲寄主植物除油菜、芥菜、白菜、甘蓝、胡萝卜、果树等植物。以成虫、幼虫取食油菜花粉、雄蕊、花柄及萼片，致蕾、花干枯死亡，不能正常结实。成虫为害重于幼虫。

（二）发生规律

一年发生1代，以成虫在土壤中或残株落叶及田埂杂草下越冬，翌年春油菜开始现蕾时，会有大量成虫迁入油菜田，并将卵产在花蕾上，每个花蕾上至少产1粒，6月为油菜露尾甲的为害盛期，一般持续20d左右，然后钻入土中筑室化蛹，当年会有部分羽化，从10月开始即进入越冬。

（三）防治方法

一是油菜收获后仔细将田园打扫干净，并进行秋深翻，将土壤中的越冬成虫翻至土壤表面冻死，以减少越冬的虫源。

二是适当提早播种时间，避开成虫的为害盛期。

三是化学防治，可在出现幼虫时喷洒25%伏杀磷乳油1 200倍液或35%硫丹乳油1 500~2 000倍液进行防治，将虫量控制在一定范围内。

十五、油菜角野螟

（一）为害症状

油菜角野螟主要为害油菜菜角，受害菜角有蛀孔，蛀孔周围有虫的粪便。

（二）发生规律

油菜角野螟一年发生1代，以老熟幼虫在田间2~3cm土层或田埂草丛下结茧越冬，翌年5月中旬开始化蛹，蛹期约20d。成虫飞翔能力不强，有趋光性，油菜田四周草丛或植株中是其白天的栖息地。羽化成虫出土当天即可交配产卵，交配后约4d即进入产卵高峰期，产卵期共10d左右，卵块呈乳黄色，平均有卵6~15粒，有的可达20粒以上，卵多产于油菜幼嫩果柄或角果上，少量产在油菜叶片背面。油菜角野螟孵化开始于 6 月中下旬，且海拔越高，孵化时间越晚，但基本与油菜角果初期保持一致。角果或叶肉是初孵幼虫的为害对象，2 龄以后分散在角果上取食油菜籽粒进行为害，造成空荚，3 龄后幼虫的食量增大开始转株为害。9 月中旬幼虫进入老熟期，9 月下旬入土结茧越冬。

（三）防治方法

根据油菜角野螟的发生规律和为害特点，可采用以下几个方面的防治措施：一是为消灭部分越冬幼虫，降低虫源基数，可于油菜收割后进行深耕翻土；二是及时铲除田埂、沟渠旁及田间杂草，破坏成虫栖息场所，减轻为害；三是合理轮作倒茬，破坏其生存环境及赖以生存的食物源；四是利用成虫的趋光性，可用杀虫灯进行诱杀；五是加强田间监测，当油菜花期至角果初期百株卵块累计达 40 块以上时即可进行化学防治。防治适期以角果初期为主，喷药防治 1~2 次，药剂可选用 4.5% 高效氯氰菊酯乳油 1 500 倍液、4.5% 高效氯氟氰菊酯乳油、2.5% 阿维菌素乳油，喷药液量 300 mL/hm^2，注意交替使用农药。

第三节　油菜草害

一、油菜草害类型

油菜草害主要有看麦娘、早熟禾、野稗、牛繁缕、猪殃殃、婆婆纳、雀麦草、牛毛毡、荠菜、碎米荠、香附子、大巢菜、刺儿菜等。不同地块杂草种类不同，稻茬油菜以禾本科杂草为主，旱地以阔叶类杂草为主，有的地块两者都有。禾本科杂草，以看麦娘为主；阔叶杂草，主要有猪殃殃、牛繁缕、荠菜；禾本科和阔叶草混生杂草，主要是看麦娘、猪殃殃、牛繁缕。

二、油菜草害防治措施

油菜田杂草的防除应以综合防治为基础，化学防治为重点。通过农业栽培、人工除草、化学除草等各种措施紧密配合，采用综合治理途径才能达到安全、经济、有效地控制草害的目的。

（一）化学防除

1. 播前土壤处理

氟乐灵、野麦畏等除草剂可用于播前土壤处理。一般每亩用48%氟乐灵乳油100～150mL兑水35kg，40%野麦畏乳油200mL兑水30L，均匀喷于土表，对看麦娘、稗草等禾本科杂草和部分阔叶杂草（如繁缕、雀舌草等）有较好的防除效果。此类除草剂只对萌发的杂草幼苗有效，对已出土的幼苗防除效果较差，因此不宜在杂草出苗后使用。

2. 播后苗前土壤处理

乙草胺、克无踪、克瑞踪等除草剂可用于播后出苗前处理。直播田在油菜播种盖土后发芽前喷施，移栽田在移栽前3d喷施。乙草胺为芽前除草剂，对开始萌动的杂草防除效果好，每亩用50%的乙草胺乳油70～100mL喷雾；克无踪为广谱触杀性除草剂，能灭杀大部分禾本科及阔叶杂草，作用迅速，每亩用20%的克无踪乳油100～150mL喷雾；克瑞踪能灭杀大部分禾本科及阔叶杂草，每亩用25%的克瑞踪乳油100～150mL喷雾。

3. 苗后茎叶处理

在苗前未施药或因干旱等原因造成苗前土壤处理除草不佳的情况下，用盖草能、稳杀得、禾草克、好实多、拿捕净、高特克等茎叶处理剂防除杂草，以杂草 2~4 叶期内施药防除效果最好，可基本控制杂草为害。防除禾本科杂草，可每亩用10.8% 的盖草能乳油 20~30mL 兑水 30kg 喷雾；防除阔叶杂草，每亩可用 10.8% 的好实多乳油 50~55mL 兑水 30kg 喷雾；防除禾本科和阔叶混合杂草，每亩可选用 35% 双草克乳油 50~70mL 兑水 30kg 喷雾。

（二）农业防除

1. 适时换茬、水旱轮作

合理安排作物茬口布局，实行不同作物以及不同复种方式的换茬轮作。作物茬口、复种方式的改变都会导致杂草群落发生变化，如牛繁缕等较难防除的杂草，可采用油菜和小麦轮作换茬的方式防除。此外，采取水旱轮作的方式，使喜旱杂草种子对潮湿环境不适数量减少，从而显著降低其为害性。也可在符合条件的地区，也可以将水田改作旱田，在干旱环境下使喜湿杂草种子大量死亡，减轻杂草为害。

2. 适度密植、培育壮苗

育苗移栽地区，进行油菜合理密植并加强田间管理，能有效增加强油菜植株的抗逆性，形成壮苗，达到以苗压草的目的。育苗移栽，杂草出土时，油菜苗已达 20cm 左右，杂草为害明显减轻。直播油菜也应适度密植、培育壮苗，并加强田间栽培管理措施，形成以苗压草态势，促进油菜生长。同时使用高温堆肥法，可杀灭田间杂草种子，有利培育油菜壮苗，促进生长发育。

3. 中耕培土、机械深耕

中耕培土能有效减轻杂草为害，尤其在移栽后杂草发生期及越冬期间，对油菜田进行中耕培土，加强油菜田中后期人工锄草，可减少田间杂草减轻草害影响。对油菜田进行机械深翻耕，可将杂草种子翻入深层土壤，能显著减少杂草的出苗数量。同时，机械除草效率高、无污染、灭草快，对土壤中微生物的活动及作物秸秆降解有较好的效果。

（三）综合防除

1. 实行调茬和交替使用除草剂

目前，常用的油菜除草剂兼除单、双子叶的效果有限，通常对禾本科类杂草防效较好的除草剂对阔叶杂草防效较差，使用这类除草剂能显著减少后茬油菜田禾本科杂草数量；若在油菜茬后种植水稻，稻茬后再种小麦，则稻田和麦田中的看麦娘等禾本科杂草会大大减少。油菜后茬麦田中主要是阔叶杂草，使用针对阔叶杂草防效较好的苯甲合剂除草剂，既能防除麦田中的阔叶杂草，又可减少下茬油菜田阔叶杂草的种子数量，最终实现良性循环。实行油菜、麦田、水稻调茬交替使用除草剂，可以显著减少各草种，对顽固型杂草有较好的防治作用，同时具有调节地力，改良土壤，可使各茬作物全面增产。

2. 做好草情监测

做好草情监测工作是制定油菜田杂草防除的效方法，是制定除草剂种类、喷施剂量、喷药时期等防除杂草方案的基础。对于草害较轻的田块可用氟乐灵、敌草胺、杀草丹、乙草胺等除草剂做播前或出苗前土壤处理；对草害发生较重的油菜田，应当采取茎叶喷施除草剂的防除方法，以看麦娘杂草为主而猪殃殃杂草较少的田块采用精禾草克、精稳杀得、盖草能等除草剂，以看麦娘和猪殃殃并重的油菜田采用高特克和盖草能混剂除草剂，防效较好。此外，还要注意控制草龄，草龄太大或过小都会对防除效果影响，如禾本科杂草在 3~5 叶期用药防除效果较好，阔叶杂草 2~3 叶期喷施除草剂防除效果较好。

3. 结合人工除草

在冬油菜越冬期间，适时做好施肥、培土壅根等作业，可结合这些作业措施对油菜田越冬期间的残余杂草进行人工铲除，具有较好的防除效果；越冬前及越冬期间油菜田间杂草防除较好的田块，开春后利于油菜生长迅速，能有效起到以苗压草的目的，抑制田间杂草的生长，有利油菜获得高产。

第七章　油菜机收减损、贮藏与加工

第一节　机收减损

一、油菜的成熟特性和收获适期

　　油菜是无限花序作物，开花至成熟时间长达50多天，角果成熟很不一致。特别在低温阴雨条件下，成熟过程拉得更长。在春油菜地区，油菜成熟季节的气候条件更是多变，确定适当的收获时期更为重要。收获过早，成熟角果的比率低，种子中的油分转化积累不充分，种子产量不高，品质下降。收获过迟，则有一部分角果因成熟过度而裂果落粒，严重的可减产二三成。而且因种子在植株上的呼吸消耗，千粒重和含油量也会下降。从品种特性来看，甘蓝型油菜品种的角果最容易裂果落粒，芥菜型油菜品种次之，白菜型油菜品种较耐落粒。油菜适时收获，指在油菜终花后25~30d，植株上有2/3的角果呈黄色，主花序基部角果种子转为褐色时。油菜适宜收获期较短，在收获季节阴雨较多的地区和年份，更要抢晴收获。

二、冬油菜的收获

　　冬油菜的收获方法主要是割收。割收较为省工，干燥快，脱粒时泥土不会混入种子，种子净度高，商品等级高。割收的割茬高度要适宜，一般以20cm左右较好，齐主茎下部第一个一次分枝割下。如留茬过低，油菜种子的后熟作用好，但增加了植株的搬运难度，干燥要慢些。如留茬过高，仅收花序，搬运和晒干容易，但种子的后熟作用不完全，会导致种子的千粒重和含油量降低。割收的后续干燥有两种办法。一种是将植株割倒后直接摊开放在田间晒干，堆放要薄，在晒的过程中要翻动 1~2 次，待角果充分干燥后，在田间脱粒。脱粒的工具宜采用油布、彩条布或竹制品。脱粒时，可以用人工踩或木棒打击，边击边翻动，种子脱下后筛去果壳和杂质，运回晒场摊晒。另一种方法是将植株割下后，打捆运回及时堆垛后熟，如遇天下雨，用薄膜遮盖，防止油菜霉变。在堆放过程中，要注意检查垛内的温度，防止高温、高湿导致菜籽霉变。一般堆放 4~6d，即可抓住晴天摊晒脱粒。脱粒后的菜籽含水量高，一般在 15%~30%，不宜马上扬净，更不能马上装袋堆放，否则易发热霉变。待种子含水量晒至低于9%时方可装袋入库。

三、春油菜的收获

（一）机械收获方法

大型机械化农场，采用分开割晒和联合收割两种收获方式。割晒主要用于生长繁茂、分枝较多的油菜田块。如角果成熟不一致，一般用割晒机割倒后，让油菜在田间晾晒 7~10d，择晴天脱粒，这样可使收割时未达到黄熟的角果充分后熟，收获期可以偏早一些。割晒收获比联合收割多一道捡拾工序，掌握不好也会增加落粒。割晒收获的割茬高度要适当，一般以 20cm 左右为好。留茬过低，未能使割下的植株保持与地面的适当高度，影响通风干燥。留茬过高，茬基往往不能承受割下植株的重压，而使茬基压弯或折断，造成割下的植株落地，受潮霉变。割倒的油菜一般经过 5~7d 晾晒，种子水分达到 10%~15%要进行拾禾，如有烘干条件可以早拾。拾禾也要选择早晚或夜间角果内干外潮时进行，能减少拾禾时裂果损失，如露水不大可通宵拾禾。

采用联合收割机收获油菜，以稍迟收获为有利。但过分干燥也有不利的地方，特别是甘蓝型油菜角果容易炸裂，在延迟收割时，碰裂落粒增加。如果等种子水分到12%才收获，种子破碎和损失也较为严重。

（二）机械收获减少损失的措施

春油菜机械收获损失大是机械化生产中普遍存在的问题，由于种种原因，损失率差异很大，一般在25%~30%，降低机械收获损失必须采取农艺、农机、栽培技术等综合措施。

1. 确保生产品种纯度

成熟期不同的品种混杂后加大收获的损失。由于晚熟品种混杂了15.3%的早熟品种，收获产量降低11.4%。因此，减少春油菜收获损失，首先要防止品种混杂，提高生产品种的纯度。

2. 栽培上确保生长发育整齐

栽培的各种技术环节直接影响春油菜的生长发育整齐度，在出苗整齐一致的基础上，应保持春油菜全生长发育期生长整齐一致，从而达到成熟一致。措施包括：同一品种播种时间一致，播种深度一致，合理施肥，喷洒调控剂，化除和农药要均匀，防止发生肥、药害，使单株生长均匀一致，减轻植株倒伏，还应注意防治菌核病。

3. 采用化学催熟

油菜植株不同部位的角果成熟极不一致。一般全株角果全部成熟时，中下部角果大部炸裂落粒。成熟不一致给收割带来困难和损失。成熟前如适时利用催熟物进行田间处理，则可以加快脱水，使成熟趋于一致，便于收获。使用化学催熟，要正确选择催熟剂和选定处理时间，做到既加速脱水，又不影响产量。

4. 适时收割

适时收割包括适时割晒和适时拾禾。割晒要防止早割粒重减轻，晚割落粒会加大损失，减少产量。因而大面积割晒时，田间80%的植株达到割晒标准才开割。拾禾要做到适时，早了籽粒水分高，脱粒不净，晚了不仅增加裂果落粒的风险，水分过低同样降低收获产量，还会增加破碎粒率，拾禾时籽粒的水分不低于9%~10%。

5. 搞好收割机的调整和改装

春油菜的收割机具一般均是采用谷物收割机具，为适应油菜收割，拾禾机具需作以下调整和改装：割晒机加长、加高外分禾器；联合收割机拾禾时，彻底封闭和堵漏各监视口及易跑粒的地方，拾禾台在过桥口上方要安装挡帘；拾禾时应用带式拾禾器，带式拾禾器拾禾时通过插入和托起而将茎秆送上拾禾台，免除了弹齿式拾禾器弹齿的击打，因而大大减轻了裂果，籽粒掉落的也少；调整转速，用E512和E514联合收割机拾禾时，带式拾禾的转速调为65r/min，滚筒转速降到最低600r/min，风扇转速145r/min左右，风扇调节板处于中间位置，箱转速30~50r/min；同时放大凹板间隙，晾晒干，水分少，脱粒净时可调到最大；鱼鳞筛开度调到6~8mm，下层冲孔筛孔径为4.5mm或6.3mm。

（三）菜籽的处理和晒干

大面积机械化栽培的春油菜，一旦开始拾禾，脱粒的菜籽将大量进入晒场。刚收割的菜籽水分高，呼吸强度大，粒温高，杂质多，如不及时处理很易发热霉变。菜籽的处理是尽快降低菜籽水分，使其达到安全的标准（10%），必须做好下面几项工作。

（1）清杂。首先是清除粗的杂质，包括断的茎秆和杂草、果皮、昆虫。如不及时清除会成为发热源，通过清除杂质可降低温度和水分，尤其是夏收春油菜，时值高温季节更要及时散热、降温。清杂可用扬场机，工效高，也可用复式清粮机，工效在每小时 10~15t。清杂后的菜籽如水分在 10% 以下时可直接入库。

（2）及时摊晒。收回的菜籽如水分偏高则不能成堆存放，清杂后还要摊晒。摊晒的厚度不宜太薄，在水泥场上一般10cm 左右。抢晴好天气晒干，水分达标后及时入库。

（3）工厂化处理的菜籽直接运到工厂处理，按照初清→烘干→复清→入库的工作流程进行自动化处理，不用晒场。春油菜产区大面积栽培，特别适用工厂化处理。

四、秸秆的机收还田处理

油菜机收时，留茬高度控制在 5~6cm，秸秆粉碎的长度小于 5cm，然后将油菜秸秆均匀撒开覆盖于田间；若人工收割时，留茬高度控制在 5~6cm，若在田间脱粒，可将油菜秆砍成 14~18cm 长段节，均匀撒开覆盖于田间。

油菜机收时，控制油菜留茬高度在 10cm 以下，秸秆粉碎的长度小于 10cm，然后将油菜秸秆均匀撒开覆盖于田间。

稻田油菜机收后，在土壤酸性和透气性差的稻田中进行秸秆直接还田时，应施入适量的石灰，在翻耕整地前，每亩施用熟石灰 30~40kg 为宜，以中和产生的有机酸，促进秸秆腐解，而且还可以起到杀菌消毒减少病虫害发生。浅水（1~2cm）灌溉，用 72 马力以上旋耕机灌浅水灭茬，或机深耕灭茬，并翻埋油菜秸秆沤田，田面高低差在 2cm 内、表层松软，2~3d 后整平田块种植水稻。

旱地油菜收割后，浇水保持土壤湿润，用旋耕机灭茬，或机深耕灭茬，沤田 7~10d 后整平田块种植其他作物。

第二节　贮　藏

一、贮藏的质量要求

为了把种子的呼吸作用抑制到最低限度，在贮藏过程中首先要保持干燥，油菜籽的含水量必须降低到9%以下，才能安全贮藏。油菜种子的种皮脆薄，籽粒细小，暴露面积大，很容易吸收潮气，含水量在9%以下的菜籽若处在空气相对湿度85%以上时，很容易使其含水量上升到10%以上。同时由于种子所含氧化酶的活性很高，耗氧很多，尤其在高水分的情况下，只要1~2d，种子会出现严重的发热酸败现象。脂肪含量越高的种子，种子越要干燥。长期贮藏的种子，含水量应该更低些。其次是要保持种子干净，种子中的杂物多，不仅降低种子品质和出油率，同时也是种子堆内发热发霉的中心，如泥团、土、碎枝、残壳等，吸水力强，携带病菌，特别在高温条件下，极易引起种子发热发霉。病粒、不熟种子、碎籽不仅比正常的种子呼吸能力强，耗氧多，同时暴露的籽粒又是微生物繁殖的好场地。因此，贮藏的种子必需清理，杂物不能超过5%，种子一定要摊冷才能入库贮藏。

二、贮藏条件

油菜种子的贮藏条件不同，直接影响种子的发芽率、发芽势和含油量。种子发芽率、发芽势和含油量随贮藏时间的增加而递减。贮藏2年的种子发芽率已降低到80%以下，发芽势降低到50%以下，含油量降低。如种子的水分在8%左右，影响种子贮藏的主要条件是贮藏室或器具的温度、湿度条件。干燥的袋装种子，放在干燥器中贮藏3年，种子的发芽率还可达到

80%以上。干燥的种子放在一般条件好的仓库保存 1 年，种子发芽率仍可保持在 90%以上。大量的种子贮藏，种子的堆放方式和贮藏室的通风条件对种子贮藏也有影响。种子含水量在 8.5%用袋装法堆贮，堆高 6~12 袋，由于通风条件好，贮藏 1 年后，种子的发芽率仍保持在 95%左右。

三、贮藏方法

堆放合理，油菜种子保管时间和堆高应随种子水分高低而变化，散装种子的高度应随水分高低而增减，种子水分在 7%~9%时，堆高可到 1.5~2m；水分在 9%~10%时，堆高只能在 1~1.5m；水分在 10%~12%时，堆高只能在 1m 左右；水分超过 12%，应进行晾干后再进仓。散装的种子表面尽量耙成波浪形，加大种子与空气的接触面，有利于堆内湿热的散发。

油菜种子若采用袋装贮藏，应尽量堆成各种形式。如 "Ⅰ"形、"井"字形等。种子水分在 9%以下，可堆高 10 包；种子水分在 9%~10%，可堆高 8~9 包；种子水分在 10%~12%，可堆高 6~7 包；种子水分在 12%以上的不超过 5 包。

在种子入库前和入库后应注意以下几点。

（一）种子水分含量

种子入库前要晒干、摊晾，使种子的水分达到 9%以下。

（二）控制适宜的种温

夏季不超过 28~30℃，春秋季不超过 13~15℃，冬季不超过 6~8℃，种温与仓温若相差 3~5℃，应立即采取措施，进行通风降温。

（三）避免接触地面和墙壁

油菜种子吸湿性强，干燥种子接触地面和墙壁，容易引起发热霉烂。因此，堆垛下面要铺垫芦草、木板、小圆木等物，防止地下湿气上升。堆垛与墙壁之间相距50cm以上距离。

（四）定期检查

在4—10月，对水分在9%~12%的种子，应每天检查2次，水分在9%以下的每天检查1次。在11月至翌年3月，水分在9%~12%的种子每天检查1次；水分9%以下的，可隔天检查1次。贮藏时应注意密封，防湿与合理通风，保持室内干燥和低温。

第三节　油菜籽加工

油菜籽的加工，主要包括菜籽油的制备、精炼和利用以及菜籽饼中蛋白质的提取、利用和菜籽饼的综合利用。

一、菜籽油的制备

菜籽油的制备方法有压榨法和浸出法两种。近年来浸出法发展很快，主要以有机溶剂萃取为原理，可以显著地提高出油率。先进的预榨浸出法的加工程序包括压胚、蒸胚、预榨和浸提，即用压榨机先榨出18%~19%的油分，再对预榨饼进行溶剂浸出，可以使干饼的残油量降低到2%~3%，预榨浸出法的出油率明显高于一般的单一机榨法。但预榨浸出法生产出来的菜籽油含类脂化物与胶质，并且饼中硫苷的分解产物异硫氰酸酯也会随榨油过程溶解于油中，使油的食味和质量受到影响。

另外，菜籽油中还含有游离脂肪酸以及来自种皮的黑色素等，使毛菜油颜色较深，影响菜籽油的贮藏与外观。目前，我国菜籽油的生产虽然已有一部分采用预榨浸出法，但大部分还是采用螺旋机压榨。采用螺旋机压榨法，每100kg菜籽少出4~6kg油，而且毛油质量较差。

油菜籽的出油率一般仅为 30%，若采用适当的方法，可使出油率提高 2%~5%。

（一）筛去泥沙

因在加工过程中泥沙会吸油，从而降低油菜籽的出油率，故在加工前应先筛去泥沙。

（二）控制炉火

一般用平底锅炒菜籽时，都是全部炒熟后才开锅将菜籽倒出，每次会有 1.5~2kg 菜籽粘在锅底被烧焗。因此，将菜籽炒到八成熟时，就要打开上部灶口，封住下部风口，以控制炉火。具体是在灶口墙上砌一个活动槽，嵌入一块活动铁板，需要大火时，把铁板向上提，封住炉口；需要文火时，把铁板往下放，封住风口。

（三）热料上榨

由于油分子在高温中最活跃，从炒锅中刚出来的菜籽温度为 108℃，趁热上榨就可以多出油。因此，每锅炒籽量最好控制在 40~50kg，做到随炒随榨，确保热料上榨。

（四）适量掺糠

因为菜籽含油率高，在榨筒中加压后滑动快，油还未全部榨出，菜籽饼就出榨机了。而加谷糠可使菜籽减慢滑动速度，故能多榨油。一般在每 100kg 菜籽中掺入 5~7kg 谷糠，依据好的菜籽多掺、差的菜籽少掺的原则。注意谷糠应新鲜无杂物。

二、菜籽油的精炼

菜籽油精炼主要包括水化、碱炼、脱色和脱臭等工序。水化即除去或回收毛菜籽油中的亲水性磷脂，也叫脱磷；碱炼就是纯化毛菜籽油，主要是把烧碱溶液加到毛油中，然后用离心机连续分离；脱色即将菜籽油色素含量降低到所要求的水平，主要是使定量的白土在通有氮气的情况下与加热的油混合，在脱色罐中进行脱色；脱臭就是破坏油中的过氧化物，除去醛、酮或其他空气氧化所产生的较易挥发的臭味物质，并且可通过破坏不稳定的胡萝卜素使油的颜色变得更浅。

三、菜籽油的利用

精炼加工后的菜籽油除可直接食用外，还可以制成不同规格和不同用途的产品。色拉油可用来进行凉拌、煎炸，制作糖果和点心等；用菜籽油制作乳酪，其饱和脂肪酸含量低，制作成本又低，是一种很好的代乳酪品。同时，菜油在工业上的用途也很多，可以分为菜籽油、菜籽油脂肪酸及其脂肪酸衍生物3种产品，用于不同的工业生产，可制成多种工业产品。

四、菜籽饼的加工

（一）脱除硫苷

榨油后的菜籽饼可通过物理和化学等方法脱除其中的硫苷等有害物质。物理方法有加热处理、溶剂处理和微波处理等，以溶剂处理较为常见。溶剂处理又分水浸出、盐水分离蛋白质浓缩物、醇溶液浸提、丙酮浸取和酸溶液浸取等方法，以降低或去除菜籽饼中的有毒物质。加热处理以加热温度达 $100 \sim 110^{\circ}C$ 和时间 $15 \sim 16min$ 为宜；微波处理可以钝化整粒菜籽中的芥子酶。化学方式包括化学添加剂处理、氨处理和酶催化水解等。化学添加剂处理主要用于饲料饼粕的处理，化学添加剂分酸性和碱性两类。前者为铁、铜、锌、锰、钴和镍的盐类，用量为饼粕重量的 4%；后者有碳酸钠、氢氧化钙（钠）。其中，硫酸亚铁（$FeSO_4$）是最经济的一种化学添加剂。氨处理可归纳为氨处理和酶催化水解两个过程，后者的最佳工艺条件为：水分 15%~16%、温度为 115~150℃、反应时间为 45min。

（二）制取蛋白质

制取菜籽饼中的蛋白质，既要除去硫苷等有害物质，又要在除毒过程中尽量完好地保持蛋白质和其他营养成分。因此，制取菜籽饼蛋白质的工艺步骤比较复杂。

主要参考文献

付三雄，2020. 油菜优质高效绿色生产技术 ［M］. 南京：
　江苏凤凰科学技术出版社.

雷发森，王发忠，2007. 油菜籽的加工 ［J］. 农产品加工
　（7）：34-35.

廖庆喜，2018. 油菜生产机械化技术 ［M］. 北京：科学出
　版社.